나는 천국을 보았다

PROOF OF HEAVEN

나는 천국을 보았다

✦

이븐 알렉산더

고미라 옮김

김영사

나는 천국을 보았다

1판 1쇄 발행 2013. 04. 08.
1판 38쇄 발행 2022. 04. 10.
2판 1쇄 인쇄 2024. 01. 01.
2판 1쇄 발행 2024. 01. 15.

지은이 이븐 알렉산더
옮긴이 고미라

발행인 박강휘 고세규
편집 임지숙   디자인 윤석진   마케팅 박인지   홍보 강원모
발행처 김영사
등록 1979년 5월 17일(제406-2003-036호)
주소 경기도 파주시 문발로 197(문발동) 우편번호 10881
전화 마케팅부 031)955-3100, 편집부 031)955-3200 | 팩스 031)955-3111

값은 뒤표지에 있습니다.
ISBN 978-89-349-6805-4 03400

홈페이지 www.gimmyoung.com   블로그 blog.naver.com/gybook
인스타그램 instagram.com/gimmyoung   이메일 bestbook@gimmyoung.com

좋은 독자가 좋은 책을 만듭니다.
김영사는 독자 여러분의 의견에 항상 귀 기울이고 있습니다.

"의식은 우주에서 가장 심오한 미스터리다."

우리의 의식이 육체의 죽음 후에도 소멸되지 않음을 증언하는 임사체험자들과 최면치료 환자 사례는 무수히 많지만 유물론적 세계관에 젖은 주류의 과학자들은 아직 이런 사실을 받아들이려 하지 않는다. 이 책의 저자 역시 스스로 체험하기 전에는 이들 중 하나였다. 저자는 강력한 임사체험이 자신의 삶을 어떻게 바꾸었는지를 증언하며, 영적 세계와 체험을 이해하는 것이 과학의 가장 중요한 과제임을 역설한다. 이 책을 통해 더 많은 의사들이 죽음과 영혼의 실체에 대해 깊이 생각하는 계기가 되길 바란다. **김영우**(신경정신과 전문의, 베스트셀러《전생여행》저자)

이 책은 누구보다도 가장 물질적이고 과학적인 세계관으로 살던 최고의 신경외과 의사가 실제로 겪은 임사체험의 보고서여서 의미가 더 깊다. 많은 임사체험자들이 그들의 인생관과 삶의 목표가 확실하게 바뀌는데, 이 저자 또한 예외가 아니다. 직접적인 체험이 없는 독자들이라 하더라도, 이 책의 증언에서 진실성을 느낄 것이다. 이 책은 비로소 사후세계에 대해 충분한 과학적인 정보를 주고 있다. 치밀하고도 논리적인 의학적 탐구와 통찰이 빛난다. **김자성**(신경정신과 전문의, 동해동인병원)

뇌의학자인 알렉산더 박사에게 이런 일이 일어났다는 사실은 가히 혁명적이다. 그 어떤 과학자나 종교인도 무시하거나 외면할 수 없는 내용이기 때문이다. 비로소 현대과학과 영성은 화해하게 될 것이다. 보이지 않는 영의 세계를 과학적 통찰로 조명한 이 책은 현대인의 지성을 영성과 공명시키기에 충분하다. 영성의 탐구와 체험이 특별히 강조되는 4D, 즉 정보화Digital, 생명과학DNA, 디자인Design, 영성Divinity의 시대가 왔음을 알리는 책이다. **전세일**(차의과학대학교 통합의학대학원 원장, 한국임종영성학회 회장)

앞뒤좌우만이 존재하는 2차원에 사는 존재들은, 구나 사면체, 육면체와 같은 3차원의 세계를 이해하지 못한다. 그러한 평면적인 존재가 어떤 계기로 인해 위아래라는 것이 있다는 것, 즉 다른 차원이 실재한다는 것을 깨닫는 일은, 우물 안이 전부인 줄 알던 개구리가 장엄한 바다라는 것이 우물 밖에 있다는 것을 경험하여 알게 되는 사건에 비유할 수 있다. 이 책은 우리가 어디서 와서 어디로 가는가 하는 삶의 근원적인 질문에 대한 답을 찾도록 이끈다. 인간은 눈에 보이는 육체가 전부가 아닌 영적인 존재임을 알게 될 것이다. **정현채**(서울대학교 의과대학 명예교수)

우리의 삶은 육체나 뇌의 죽음과 더불어 끝나는 것이 아니다. 이 책은 사후의 세계에서 무엇이 우리를 기다리고 있는지에 대한 아주 설득력 있는 이야기다. 우리는 두려워할 것이 아무것도 없다.
앨런 J. 해밀튼(외과 전문의, 미국외과의협회 회원)

이 책은 의식에 관한 과학적 금기들을 깨고 있다. 임사체험은 뇌가 만들어 내는 환각이 아니라는 것을 낱낱이 증명하고 있다.
핌 반 롬멜(심장병 전문의)

이븐 알렉산더 박사의 임사체험은 내가 40여 년간 임사체험에 대해 연구한 그 어떤 것보다도 더 놀라운 내용이다. 그는 사후세계의 산증인이다.
레이먼드 A. 무디(의학박사, 《LIFE AFTER LIFE》 저자)

죽음 이후를 이보다 아름답게 서술한 책은 없었다! 그리고 지금 이 순간을 어떻게 살 것인가를 생각하게 한다. **아마존 독자서평**

| 차례 |

우리에게 펼쳐진 새로운 세계

우리의 문화는 '이것 아니면 저것'*이라는 병을 앓고 있다. 따라서 서로 다른 종교적 신념 간의 충돌은 어쩔 수 없어 보인다. 또 과학 역시 이러한 신념들과 충돌할 수밖에 없을 것이다. 당신이 기독교 인이라면 세계에 존재하는 기독교 외의 타 종교의 전통과 제대로 된 공통점을 찾을 수 없을지 모른다. 과학이 보는 세계관과 뚜렷 한 공통점 역시 찾을 수 없을지 모른다. 우리의 가장 깊은 곳에 자 리하고 있는 믿음의 단계까지 가면, 어쩔 수 없이 다른 이들과 영 원히 융합할 수 없을지 모른다.

그러지 마시길 바란다.

---

* 편집자주: 이후 본문에서 나오는 이탤릭체 표기(누운글씨체)는 원서에서 뜻을 강조하기 위해 사용한 표기를 그대로 살린 것임을 알립니다.

다양한 종교들은 더는 과학의 적도 아니고 서로의 적도 아니다. 그리고 영을 이해하면 할수록 이 사실이 더욱 무슨 말인지 알게 될 것이다.

불교의 명상, 기독교의 기도, 복잡한 문제에 몰두하는 물리학자. 이들은 모두 서로 다른 방식으로 우리가 살아가는 하나의 진정한 세계를 다루고 있다. 이 세계는 물질의 아주 작은 부분으로 구성된 세계이자 동시에 영으로 이루어진 더 큰 세계다. 이 영은 우리의 '위'에 존재하는 차원에만 있는 게 아니라 바로 지금, 바로 여기에 있으며 우리가 완전한 의식을 찾을 때까지 기다리고 있는 영이다.

《나는 천국을 보았다》의 새 버전 출간을 앞두고, 나는 이것 아니면 저것이라는 병에 시달리고 있는 독자들에게, 그리고 그 병에서 빠져나오려고 하는 독자들에게 이 책이 도움이 되기를 간절히 바라고 기도한다. 나는 과학을 신뢰하면서 신도 믿고 싶었던 나에게 그런 일이 일어난 이유가 분명 있었을 것이라고 믿는다. 나는 매일같이 나의 이야기를 읽고 의견을 나누고자 하는 사람들을 만난다. 모두가 긍정적인 말만 하는 건 아니지만 그래도 상관없다. 나의 경험은 논란거리를 넘어 여러 사람에게 희망을 주었다. 아이를 잃은 부모, 신념을 두고 고군분투하는 신앙인… 나의 이야기가 불러온 수많은 논쟁보다도 훨씬 더 중요한 건, 나의 이야기를 듣고 위로받는 사람들이 있다는 것이다. 거짓된 말로 하는 위로가 아니라, 실질적인 위로 말이다. 또 그 위로는 내가 준 것이 아니다. 내가 겪은 그 경험 또는 실패가 준 것이다. 나에게 일어난 그 일, 절대적이고 분명한 사실이 주는 위로다.

당신의 배경과 신앙이 무엇이든, 나의 이야기가 당신 삶의 여정에 도움이 되기를 간절히 기도한다.

서문

삶과 죽음에 대해,
우리는 무엇이 진실인지를 알 수 있다

우리는 실제 진실을 알려고 해야 한다.
우리가 바라는 그런 진실이 아니라.
_알베르트 아인슈타인

나는 어릴 적에 날아다니는 꿈을 자주 꿨다. 주로 밤중에 마당에서 별들을 바라보고 서 있다가, 난데없이 위로 붕 떠오르는 꿈이었다. 처음 몇 인치는 저절로 떠올랐지만, 위로 올라갈수록 내가 어떻게 하느냐에 따라 비행이 달라진다는 것을 곧 깨달았다. 날아다닌다는 기분에 휩싸여 너무 흥분하면 바닥으로 곤두박질쳤다. 아주 세게. 하지만 침착하게 차분히 즐기면 오히려 점점 더 빨리 날아올라서 별들이 반짝이는 하늘에까지 닿았다.

아마도 이런 꿈들 때문에 나이가 들면서 비행기와 로켓 같은, 이 세상을 넘어 저 하늘로 데려갈 수 있게 해주는 것이라면 무엇이든 그것에 푹 빠져들었는지도 모르겠다. 가족들과 비행기를 탈 때면, 이륙하는 순간부터 착륙할 때까지 비행기 창문에 얼굴을 갖다 대고 있었다. 열네 살이었던 1968년 여름에는, 잔디를 깎아서

번 돈을 모두 세일플레인(하늘을 나는 가늘고 긴 글라이더) 레슨을 받는 데 써버렸다.

1970년대 대학 시절에는 노스캐롤라이나대학교의 스포츠 패러슈팅(스카이다이빙) 팀에 가입했다. 마치 어떤 특별한 마법을 사용하는 사람들의 비밀스러운 조직에 가입한 기분이었다. 처음 비행기에서 뛰어내렸을 때는 끔찍했고, 두 번째는 더 심했다. 하지만 열두 번째 점프를 할 무렵, 비행기에서 뛰어내려 낙하산을 펼치기 전까지 1,000피트 이상을 낙하하는 그 10초 동안 나는 마치 고향에 온 것 같았다. 대학 시절 총 365회의 낙하산 점프와 3시간 반 이상의 자유낙하를 기록했는데, 주로 25명 정도의 인원으로 하는 편대낙하였다. 1976년 점핑을 그만둔 이후에도 스카이다이빙을 하는 생생한 꿈을 계속 꾸었고, 그것은 언제나 즐거웠다.

나는 태양이 지평선 아래로 가라앉기 시작할 무렵 늦은 오후에 하는 점프를 가장 좋아했다. 그때의 느낌을 설명하기란 쉽지 않다. 뭐라 이름 붙여야 할지 알 수 없는 그 어떤 것에 가까워지는 것 같았는데, 이 느낌을 계속 바랐다. 이것을 딱히 고독감이라고 부를 수는 없을 것 같다. 우리의 다이빙 방식은 외롭지 않았으니까. 우리는 다섯 명, 여섯 명, 때로는 열 명이나 열두 명이 동시에 점프해서 자유낙하 편대비행을 했다. 사람이 많을수록, 그리고 난도가 높을수록 만족감도 컸다.

1975년 어느 아름다운 가을날, 나는 몇몇 친구들과 함께 노스캐롤라이나주 동부에 있는 다이빙센터에서 편대비행 팀을 짰다. 그날 일정의 끝에서 두 번째 점핑이었는데, 열 명이 10,500피트 상공의 D18 비치크라프트 항공기에서 뛰어내려 눈송이 모양을 만들었다. 7,000피트 지점을 통과하기 전에 완전한 편대를 만들어서, 거대한 뭉게구름 사이의 틈새 공간에서 18초 동안 비행을 만끽했다. 그러고 나서 3,500피트 상공에서 각자 흩어져 낙하산을 폈다.

땅에 도착했을 무렵 해는 저물어 있었다. 하지만 우리는 또 한 번의 석양 점프를 하기 위해 서둘러 다른 항공기로 갈아타고 이륙했다. 이번에는 두 명의 새내기 회원들을 처음으로 편대비행에 합류시키기로 했다. 이는 새내기들에게나 노련한 우리에게나 모두 흥분되는 일이었다. 이렇게 팀원들이 경험을 쌓으면 나중에 더 큰 편대비행으로 합류할 수 있기 때문이다.

노스캐롤라이나주 로어노크 래피즈시市 외곽에 있는 작은 공항의 활주로 위에서 여섯 명이 별 모양을 만들 예정이었는데, 나는 그중 마지막으로 뛰어내리게 되었다. 척Chuck이라는 친구가 내 바로 앞 순서였다. 그는 자유낙하 편대비행에 꽤 많은 경험이 있었다. 우리는 여전히 햇살이 드리운 7,500피트 상공에 있었지만, 그 아래 거리에는 가로등이 켜지고 있었다. 해 질 녘의 점프는 언제나 장엄했기에 이번에도 분명 아주 멋진 경험이 되리라고 생각했다.

나는 척 다음으로 불과 1초 후에 비행기에서 뛰어내려야 했는데, 다른 사람들을 따라잡기 위해서는 빠르게 떨어져야 했다. 첫 7초 동안 거의 시속 100마일의 속도로 로켓처럼 직하해야 동료들보다 더 빠르게 낙하해, 그들이 구축한 대형에 곧바로 합류할 수 있었다.

점프의 일반적인 과정에서는 3,500피트 상공에서 편대비행을 해체하고 진로를 바꿔 서로에게서 최대한 멀리 떨어진다. 그리고 각자 두 팔을 흔들어 낙하산을 펼치겠다는 신호를 보내고 위쪽을 살펴봐서 아무도 없음을 확인한 뒤에 끈을 잡아당겨야 한다.

"셋, 둘, 하나… 뛰어!"

네 명이 먼저 뛰어내린 후에 척과 나는 곧바로 따라 내렸다. 머리를 완전히 아래로 한 채 거꾸로 다이빙하며 최종속도에 도달하는 순간, 나는 그날 두 번째로 보는 석양을 향해 미소 지었다. 다른 사람들 쪽으로 전속력으로 하강한 후에 나는 내 점프슈트의 넓은 소매와 바짓가랑이를 펼쳐서(우리에게는 높은 속도에서 최대한 펼치면 엄청난 저항을 만들어주는, 손목에서 엉덩이까지 이어져 있는 천으로 만든 날개가 있었다) 공기저항을 최대한 이용해 급브레이크를 걸 계획이었다.

하지만 나는 그럴 기회를 얻지 못했다.

편대비행 위치로 수직 낙하하면서, 새내기 한 명이 너무 일찍 들어왔음을 발견했다. 아마도 구름 사이로 급히 떨어지면서 겁을 먹었던 모양이었다. 그는 자기가 어둠으로 반쯤 뒤덮인 거대한 행성을 향해 초속 200피트의 속도로 직하하고 있음을 의식하자, 결국 대형의 가장자리로 천천히 합류하지 못하고 다른 사람들의 대오까지 흐트러지게 했다. 나머지 다섯 명도 제어능력을 잃어버린 채 굴러떨어지고 있었다.

게다가 다들 서로 너무 가까이에 있었다. 스카이다이빙을 하는 사람은 자기 뒤로 저압공기 흐름인 엄청난 난기류를 남긴다. 만일 누군가가 그 진로 속으로 들어와 버리면 그는 즉각 속도가 올라가서 자기 아래에 있는 사람과 충돌할 수 있다. 이렇게 속도가 붙으면 그들 아래에 있는 또 누군가를 차례차례로 강타하게 되는 것이다. 한마디로, 이것은 재앙이다.

나는 사람들과 얽혀 엉망이 되는 상황을 피하고자 몸을 구부려서 방향을 바꾸었다. '안전 지점' 바로 위에 떨어질 수 있도록 계속 내 몸을 조종했다. 다행히 방향감각을 잃었던 다른 사람들도 각자 길을 찾아 위험에서 벗어나고 있었다.

척도 그들 속에 있었다. 그런데 놀랍게도 그는 곧바로 나를 향해 오고 있었고 바로 내 밑에서 멈추었다. 우리 그룹은 2,000피트 상공을 통과하고 있었는데, 척이 예상했던 것보다 더 빨랐을 것이다. 척은 운을 믿고 규칙대로 하지 않아도 된다고 생각했는지 모른다. 바로 이것이 문제였다.

척이 나를 못 본 것 같았다. 이 생각을 겨우 할까 말까 했을 때 척의 등짐에서 알록달록한 보조 낙하산이 꽃이 피듯 활짝 펼쳐졌다. 그의 보조 낙하산이 주변의 시속 120마일 바람을 타고 나를 향해 곧장 펼쳐지고, 소매 뒤에 달린 그의 주主 낙하산도 곧장 잡아당겨졌다.

척의 보조 낙하산을 본 순간 내가 반응할 수 있는 시간은 찰나에 불과했다. 펼쳐진 그의 주 낙하산 속으로 굴러떨어져 결국 척과 충돌하는 데는 1초도 걸리지 않았을 것이었다. 그 속도에서 내가 그의 팔이나 다리를 친다면 그대로 부러졌을 테고 나 역시도 치명적인 타격을 입었을 것이다. 만일 그와 정면충돌했다면 우리 두 사람의 몸은 완전히 파열되었을 것이다.

흔히들 이런 위기상황에 닥치면 시간이 천천히 흐른다고 하는데, 그 말은 사실이었다. 내 의식은 마치 슬로모션으로 흐르는 영화를 보듯이 마이크로초(100만 분의 1초) 단위로 움직임을 포착했다.

그 보조 낙하산을 본 순간 나는 두 팔을 옆으로 벌리고 몸을 곧게 펴서 머리를 아래로 했다. 그렇게 다이빙 자세를 취하면서 엉덩이를 아주 약간 구부렸다. 수직 강하가 되니 속도가 더해졌고, 내 몸은 효과적인 날개가 된 상태에서 엉덩이 구부림 덕분에 수평으로 움직일 수 있었다. 처음에는 조금 움직이더니 순간적으로 돌풍처럼 수평 이동을 하게 되었다. 이때 화려하게 펼쳐지는 낙하산 앞의 척을 획 하고 지나칠 수 있었다.

나는 시속 150마일 또는 초속 220피트가 넘는 속도로 그를 지나갔다. 이런 속도에서 그가 내 표정을 보진 못했겠지만, 만일 보앉더라면 내가 완전히 까무러칠 정도로 놀랐음을 알았을 것이다. 여하튼 나는 그 상황에서 마이크로초 단위로 반응을 했지만, 만일 생각할 시간이 있었다면 어떻게 대처해야 할지 몰랐을 무척 곤란한 상황이었다.

그런데도 나는 제대로 대응했고 우리 둘 다 안전하게 착륙할 수 있었다. 마치 평소보다 더 높은 수준의 처리능력이 요구되는 상황에 처하자 나의 뇌가 잠시 동안 슈퍼 뇌로 둔갑이라도 한 듯 했다.

내가 이걸 어떻게 해낼 수 있었지? 20년 넘게 신경외과 학자로서 뇌를 연구하고 그것의 작동방식을 관찰하고 수술을 하면서 나는 이 의문에 대해 숙고할 기회가 많았다. 결국 나는 우리의 뇌가 상상할 수 없을 정도로 놀라운 장치라는 결론을 내렸다.

이제 와서 생각해보면, 이 질문에 대한 진정한 해답은 이런 수준의 결론보다 훨씬 더 심오한 것이었다. 그 답을 조금이나마 알아채기 위해서였는지 내 인생과 세계관은 완전한 지각변동을 겪어야만 했다. 나는 이 주제와 관련해 내 의식에 변화를 일으킨 사건들을 이 책에서 다룰 것이다. 그 사건들을 통해서 나는 뇌가 제아무리 훌륭한 장치일지라도 그날 나의 생명을 구한 것은 결코 뇌가 아니었다고 확신하게 되었다. 적의 낙하산이 펼쳐지기 시작한 그 순간에 나를 움직이게 한 것은 뇌보다 훨씬 깊은 곳에 있는 다른 그 무엇이었다. 뇌나 몸이 시간 속에서 작동하는 것과는 달리, 그것은 시간에 속하지 않기 때문에 그토록 빨리 움직일 수 있었던 것이었다.

그것은 또한, 어릴 때 상공을 그토록 그리워하게 만들었던 내 안의 '그 무엇'이기도 했다. 그것은 우리 안의 가장 영리한 부분이면서 가장 심오한 부분임에도 불구하고, 성인이 된 나는 한동안 그것을 믿지 못하며 지냈다. 하지만 지금은 믿게 되었고, 이제부터 왜 그런지를 말하려고 한다.

나는 신경외과 의사이다.

1976년 노스캐롤라이나대학교 채플힐 캠퍼스를 화학 전공으로 졸업했고, 1980년 듀크대학 의과대학원에서 의학박사 학위를 땄다. 듀크대학교 레지던트 과정을 거친 다음 매사추세츠 종합병원과 하버드에서 11년 동안 신경내분비학(신체활동 대부분을 이끌어가는 호르몬을 분비하는 분비샘들인 신경계와 내분비계의 상호작용 연구)에 집중했다. 그중에서도 2년간은 동맥류로 인해 뇌의 특정 영역에 출혈이 생겼을 때 혈관들이 어떻게 병리학적으로 반응하는지를 연구했다.

영국 뉴캐슬어폰타인에서 뇌혈관 신경외과 분야의 연구조교를 마친 후에는 15년간 하버드 의과대학에서 신경외과 전문의로서 외과 부교수를 지냈다. 그 기간 나는 수많은 환자를 수술했고, 그들 중에는 뇌의 상태가 생명을 위협하는 수준인 경우가 많았다.

내 연구작업의 대부분은 정위 방사선 수술(인접한 다른 부위에는 영향을 미치지 않도록 뇌의 특정 부위에만 방사선을 조사하는 치료 기법)과 같은 선진적인 기술을 필요로 하는 것이었다. 나는 종양이나 혈관 질환과 같이 다루기 어려운 뇌질환들을 치료하는 데에 도움이 되는 자기공명영상MRI 유도하 신경외과 수술의 발전에 기여하기도 했다. 그러는 동안 의학 학술지에 150여 편이 넘는 장章과 논문들을 저자 또는 공동저자로 참여해 기고했고, 국제의학 콘퍼런스에서는 연구 결과물을 200회 이상 발표했다.

요컨대 나는 과학에 헌신하는 삶을 살았다. 현대의학의 도구를 사용해서 사람들을 돕고 치료하며, 인체와 두뇌의 작동에 대해 더 많이 배우는 일이 나의 소명이었다. 그런 소명을 발견한 것을 엄청난 행운이라고 생각했다. 일과 결혼했다고 할 수도 있었겠지만, 더 중요하게는, 내 곁에 아름다운 아내와 사랑스러운 두 아이가 있었고, 가족을 내 삶의 축복으로 여겼다. 여러 면에서 나는 운이 좋은 남자였고 이 사실을 잘 알고 있었다.

그런데 2008년 11월 10일, 54세의 나이에 나의 행운은 끝난 듯했다. 나는 희소한 질병에 걸려 7일간 혼수상태에 빠졌다. 이 동안에 나의 대뇌 신피질 즉, 우리를 인간이게끔 해주는 뇌의 겉면이 기능을 멈춰버렸다. 그것이 작동하지 않았으니, 사실상 뇌가 부재한 상태였다.

우리의 뇌가 부재하면 우리 자신도 부재한 격이다. 지난 수년간 신경외과 의사로서 나는 신기한 경험을 한 사람들의 이야기를 많이 들었다. 대개는 심장마비가 일어난 후였는데, 신비롭고 놀라운 풍경 속을 여행했다거나 죽은 가족들과 대화했다거나 심지어는 신을 직접 만났다는 경우도 있었다.

물론 멋진 일들임에는 분명했다. 하지만 내 견해로 이 모든 것은 순전히 환상이었다. 이토록 자주 보고되는 그들의 내세 경험은 무엇이 원인인 걸까? 나는 그것을 뇌에 기반한 현상이라고 보았다. 의식에 관한 모든 것이 그러하다. 뇌가 작동하지 않으면 우리는 의식할 수가 없다.

왜냐하면 뇌는 애당초 의식을 만들어내는 기계이기 때문이다. 기계가 고장 나면 의식도 멈추는 것이다. 뇌의 실제 작동방식이 얼마나 복잡하고 신비한가와는 상관없이 실상은 이렇게 단순하다. 전원코드를 뽑으면 텔레비전도 꺼진다. 당신이 얼마나 즐겼든 지 간에 쇼는 끝이 난다.

나는 뇌가 꺼지는 일을 직접 당해보기 전까지는 위와 같은 식으로 말해왔다.

혼수상태였을 때 나의 뇌는 제대로 작동하지 못한 것이 아니라 전혀 작동하지 않았다. 아마도 이것이 내가 그때 경험한 임사체험의 깊이와 강도의 원인이었으리라고 지금 생각한다. 보고된 임사체험들의 상당수는 잠시 심장이 멈추었을 때 발생했다. 이 경우에 대뇌 신피질은 일시적으로 비활성화되지만 대략 4분 이내로 심폐소생술을 하거나 심장기능을 재활성화해서 혈액의 산소공급을 회복시킬 경우 크게 손상되지는 않는다. 하지만 내 경우에는 대뇌 신피질이 이미 꺼져버린 상태였다. 물리적 뇌의 한계에서 벗어나 완전히 독립적으로 존재하는 의식의 세계와 직면하게 된 것이다.

어떻게 보면 내 경우는 임사체험의 완결판이었다고 할 수 있을 것이다. 수십 년간 신경외과 의사로서 쌓아올린 연구와 수술실에서의 실제 작업 경험 덕분에, 보통보다 높은 수준의 위치에서 내게 일어난 임사체험의 실상뿐만 아니라 그것의 의미를 판단할 수 있었다고 볼 수 있다.

그것의 의미는 실로 말로 설명할 수 없는 엄청난 것이었다. 나의 체험은, 육체와 뇌의 죽음이 의식의 종말은 아니라는 것, 인간의 체험이 무덤을 넘어서까지 계속된다는 것을 보여주었다. 더욱 중요한 사실은, 우리 하나하나를 사랑하며 우주와 모든 존재가 궁극적으로 어디로 나아가는지에 대해 보살피고 있는 그런 신God의 응시하에서 우리의 의식이 계속된다는 사실이었다.

내가 간 그곳은 실재했다. 우리가 사는 지금 여기의 삶이 완전히 꿈처럼 느껴질 정도로 그곳은 실제였다. 그렇다고 내가 지금의 이 삶에 아무런 가치를 두지 않는다는 뜻은 아니다. 사실은 과거 어느 때보다도 더 이 삶에 가치를 느끼고 있다. 오히려 지금은 삶의 진정한 맥락을 볼 수 있게 되었기 때문이다.

우리의 삶은 무의미하지 않다. 하지만 지금 사는 이곳에서는,

적어도 우리가 살아가는 대부분의 시간 동안은 이 사실을 알기 어렵다. 혼수상태에 있었을 때 내게 일어난 일은 분명히 내가 하게 될 가장 중요한 이야기일 것이다. 하지만 일반상식과 너무 다른 내용이어서 무턱대고 사람들에게 외쳐댈 만큼 쉽게 할 수 있는 이야기는 아니다. 그런 한편, 뇌과학 및 의식연구의 최신개념들에 익숙한 사람인 내가 의학적으로 추론하고 분석해서 내린 결론들이다. 내 여정의 이면에 있는 진실을 일단 깨닫는 순간, 나는 이것을 *말해야 한다*는 것을 알았다. 이 작업을 제대로 해내는 일이 지금은 내 삶의 주요과제가 되었다.

그렇다고 신경외과 의사로서의 직무나 내 삶을 포기했다는 뜻은 아니다. 다만 우리의 삶이 육체나 뇌의 죽음과 더불어 끝나는 것이 아님을 이해하게 된 특권을 누리게 된 지금, 이 몸과 이 지구를 넘어서 내가 보게 된 것에 대해 사람들에게 알리는 것이 나의 의무이자 소명이라고 생각한다.

무엇보다 이전에도 이와 유사한 이야기를 듣고서 믿고 싶었지만 차마 전적으로 믿을 수 없었던 그런 사람들에게 나의 이야기를 전하고 싶은 마음이 간절하다. 이 책과 이 안에 담긴 메시지는 누구보다도 그들을 위한 것이다.

내가 당신에게 하려는 말은 다른 사람들이 해주는 그 어떤 이야기 못지않게 중요하다. 그리고 이것은 진실이다.

1장 통증

버지니아주 린치버그, 2008년 11월 10일.

눈을 떴다. 침실이 어두워 머리맡에 있는 자명종의 붉은 불빛을 쳐다보았다. 새벽 4시 30분이었다. 버지니아의 린치버그에 있는 우리 집에서 내가 근무하는 샬러츠빌의 초음파치료재단까지는 운전으로 70분 정도 걸리는데, 그에 맞춰 내가 평소 일어나는 시간보다 한 시간 일렀다. 아내 홀리는 아직 깊이 잠들어 있었다.

우리는 보스턴의 신경외과학계에서 거의 20년을 보내고, 2006년에 이곳 버지니아주의 산악지대로 이사를 왔다. 나와 홀리는 둘 다 대학을 졸업한 해인 1977년 10월에 처음 만났는데, 홀리는 미술학과 석사과정에 있었고 나는 의과대학원에 다니고 있었다. 어느 날 내 대학 룸메이트인 빅이 나를 만나러 오면서 당시 데

이트를 하던 그녀를 데리고 왔다. 아마 자랑하고 싶었던 것 같다. 그들이 떠날 무렵에 나는 홀리에게 언제든지 놀러오라고 하면서, 꼭 빅과 함께 오지 않아도 된다고 덧붙였다.

정식으로 처음 데이트를 한 것은 노스캐롤라이나의 샬럿에서 열린 파티에 함께 참석했을 때였다. 홀리가 후두염에 걸려 대화의 99퍼센트를 나 혼자 감당하며 자동차로 편도 두 시간 반 되는 거리를 왕복 주행했는데도 힘들지 않았다. 우리는 1980년 노스캐롤라이나주 윈저 마을의 세인트토머스 성공회 성당에서 결혼식을 올렸다. 그리고 내가 외과 레지던트로 일하는 듀크대학교가 있는 더럼시에 아파트를 얻어 이사했다. 돈은 거의 없었지만 둘 다 매우 바쁘게 생활했기 때문에 개의치 않았다. 우리는 함께 있다는 것만으로도 무척 행복했다.

나는 결혼한 해에 박사학위를 땄고 그와 동시에 홀리도 석사학위를 취득해 예술가로서 그리고 교사로서의 본업을 시작했다. 나의 첫 단독 뇌 수술 집도는 1981년 듀크대학교에서였다. 우리의 맏아들 이븐 4세(우리 가족은 대대로 이븐이라는 이름을 사용하고 있다)는 1987년 잉글랜드의 뉴캐슬어폰타인에 있는 프린세스메리머터너티병원에서 태어났는데, 내가 뇌혈관 연구조교로 일하던 때였다. 둘째 아들 본드는 1998년 보스턴의 브리검앤위민스병원에서 태어났다.

나는 하버드 의대와 브리검앤위민스병원에서 일한 15년의 세월이 좋았다. 식구들도 보스턴에서 보낸 그 시절을 소중하게 생각했다. 하지만 2005년 홀리와 나는 이제 남부로 돌아갈 때가 되었다고 생각했다. 다른 가족들과 더 가까이 살고 싶었고 하버드대학교에 있을 때보다 좀 더 자유로운 생활을 할 수 있으리라고 생각했다. 그래서 2006년 봄에 우리는 린치버그에서 새출발을 하게 된 것이다. 우리는 금세 어린 시절에 즐기던 남부의 평화로운 생활에 안착했다.

잠시 동안 나는 그저 누운 채로, 막연히 무엇 때문에 잠에서 깨어난 것인지 생각해보았다. 그 전날 일요일은 맑고 화창하지만 약간은 선선한, 버지니아의 전형적인 늦가을 날씨였다. 나는 홀리, 본드(당시 열 살이었다)와 함께 이웃집 바비큐 파티에 갔었다. 그리고 저녁 무렵에 델라웨어대학교 3학년에 재학 중인 이븐 4세(스무 살)와 전화 통화를 했었다. 그날 문제가 될 만한 유일한 것이 있다면 나와 홀리, 본드 모두가 그 전주부터 계속 가벼운 호흡기 바이러스에 감염되어 있었다는 사실밖엔 없었다. 막 잠자리에 들려고 했을 때 등이 아파져서 짧게 목욕을 했더니 통증이 가라앉는 듯했었고…. 혹시 이 아침에 잠에서 일찍 깬 것이 바이러스가 아직 몸에 잠복해 있어서인가 싶었다.

침대에 누운 채로 살짝 움직였더니 척추에 통증이 몰려왔다. 전날 밤보다 훨씬 더 아팠다. 인플루엔자 바이러스 외에 몇 가지 원인이 더 작용하고 있다고 확신했다. 잠에서 완전히 깰수록 통증은 심해졌다. 다시 잠이 오지도 않았고 일어날 시간이 되기까진 아직 한 시간이 남아 있었기 때문에 따뜻하게 목욕을 한 번 더 하기로 했다. 몸을 일으켜 앉은 다음 발을 내려 바닥을 딛고 일어섰다.

그러자 통증이 다른 단계로 심해졌다. 묵직하고 극도로 참기 힘든 욱신거리는 아픔이 척추의 깊은 곳까지 파고들었다. 잠든 홀리를 뒤로한 채 나는 2층 화장실로 아주 조심스럽게 이동했다.

물을 틀고 욕조에 몸을 누이면서, 뜨거운 물 안에 있으면 몸이 좀 좋아질 거라 믿었다. 그런데 그게 아니었다. 욕조가 반쯤 찼을 무렵, 잘못 판단했다는 것을 알았다. 통증이 더 심해졌을 뿐만 아니라 어찌나 강력하던지 이제는 욕조에서 나오려면 홀리를 큰 소리로 불러야 할 것 같아 겁이 났다.

너무나도 어처구니없는 상황이 되었다고 생각하며 손을 뻗어 바로 위에 걸려 있는 수건을 겨우 잡았다. 수건걸이가 벽에서 떨어져나가지 않도록 조심스레 수건을 잡아당기며 천천히 몸을 일으켰다.

그러자 또 한 번의 통증이 등에 엄습했는데 어찌나 극심한지 숨이 멎을 지경이었다. 이제는 인플루엔자 때문이 *아니라는* 게 분명해졌다. 그럼 무엇 때문이란 말인가? 사투 끝에 미끄러운 욕조에서 간신히 빠져나온 나는 진홍색 목욕가운을 걸치고 아주 천천히 침실로 돌아와 침대 위로 쓰러졌다. 몸은 다시 식은땀으로 온통 젖어 있었다.

홀리가 뒤척이며 내 쪽으로 돌아누웠다.

"왜 그래? 지금 몇 시야?"

"모르겠어." 나는 말했다. "등이 너무 아파."

홀리가 내 등을 주물러줬다. 놀랍게도 조금 나아지는 듯했다. 의사들은 대체로 자기가 아프다는 것을 받아들이지 않는 경향이 있다. 나도 예외는 아니었다. 그때까지만 해도 나는 통증의 원인이 무엇이든 간에 결국에는 가라앉으리라고 확신했다. 하지만 평소 출근하는 시간인 오전 6시 30분이 되어서도 나는 여전히 고통으로 몸부림치고 있었고, 사실상 움직일 수 없는 상태였다.

7시 30분에 본드가 여태 왜 내가 집에 있나 궁금했는지 우리 침실로 들어왔다.

"무슨 일이에요?"

"네 아빠가 좀 아프시단다." 홀리가 말했다.

나는 베개에 머리를 받친 채 여전히 침대에 누워 있었다. 본드는 내 관자놀이를 부드럽게 만져주려고 했다.

본드가 손을 대자 번개가 내 머릿속을 관통하는 것 같았다. 최악의 고통이었다. 나는 비명을 질렀고, 본드는 깜짝 놀라 황급히 뒤로 물러섰다.

"괜찮아, 걱정하지 마." 홀리는 본드에게 말했지만 정말로 그렇게 생각하는 것 같진 않았다. "너 때문에 그러시는 게 아니야. 아빠가 두통이 심해서 그래." 그러고선 나에게라기보다는 그냥 혼잣말로 "구급차를 불러야 하나?"라고 하는 말이 들렸다.

본인이 병나는 것 이상으로 의사들이 정말 싫어하는 게 있다면, 바로 환자가 되어 응급실에 실려가는 것이다. 집에 응급 구조대원들이 잔뜩 모여들고, 규정상의 질문을 하고, 병원으로 호송하고, 서류를 작성하는 등등의 장면이 떠올랐다. 이러다가 다시 상태가 호전되어서 구급차를 괜히 불렀다고 후회하게 될지도 모른다는 생각이 들었다.

"아니, 괜찮아." 나는 말했다. "지금은 힘들지만 좀 있으면 나아질 거야. 본드가 학교 갈 준비하도록 도와주는 게 좋겠어."

"하지만 당신 아무래도…."

"좋아질 거라고." 나는 베개에 얼굴을 파묻은 채로 그녀의 말을 막았다. 아파서 여전히 움직일 수 없는 상태였다. "진짜야, 911 부르지 마. 그 정도로 아픈 건 아니야. 등 아랫부분에 근육경련이 났을 뿐이야, 두통이랑."

홀리는 마지못해 본드를 아래층으로 데려가 아침을 먹인 후 길 맞은편에 사는 친구네 집 차를 얻어 타고 학교에 가게 했다. 본드가 현관문을 나서는 순간, 만약 내 상태가 위독해져 병원에서 결국 사망하게 된다면 그날 오후 방과 후에는 아들을 보지 못하게 될 수도 있겠다는 생각이 불현듯 스쳤다. 나는 최대한 힘을 모아 간신히 내뱉었다. "좋은 하루 보내라, 본드."

홀리가 나를 살피려고 다시 2층 방에 왔을 때 나는 무의식 상태에 빠져들고 있었다. 그녀는 내가 선잠이 든 줄 알고 그대로 쉽게 뇌두고는, 아래층으로 내려가 내가 왜 그러는 건지 물어보기 위해 내 동료들에게 전화를 했다.

두 시간 후 내가 충분히 잤으리라 여긴 그녀는 다시 나를 살피러 왔다. 그녀가 방문을 열었을 때 나는 전과 마찬가지로 침대에 누워 있었다. 하지만 가까이 다가가자 내 몸이 그 전처럼 이완된 것이 아니라 판자처럼 딱딱해져 있는 것을 알게 되었다. 불을 켜니 그녀의 눈에 격렬하게 경련을 일으키고 있는 남편의 모습이 들어왔다. 아래턱은 부자연스럽게 불쑥 내밀어져 있었고, 두 눈은 뜬 채로 눈동자가 뒤집혀 있었다.

"이브, 말 좀 해봐!" 홀리는 소리쳤다. 내가 반응하지 않자 그녀는 911을 불렀다. 10분도 안 돼 도착한 응급 구조대원들은 나를 신속히 구급차에 태워 린치버그 종합병원 응급실로 호송했다.

의식이 있는 상태였더라면, 혼비백산해서 구급차를 기다리는 그녀에게 내 상태에 대해 정확한 설명을 해주었을 것이다. 그러나 의심의 여지없이 나는 뇌에 어떤 심각한 쇼크를 받아서 *대발작*이 일어난 상태였다.

나는 아무 말도 해줄 수 없었다.

그 후로 7일간 홀리와 가족들에게 나는 몸만 있는 상태로 존재했다. 그 일주일 동안 나는 이 세상에 대해 아무것도 기억하지 못했고, 내가 무의식 상태에 있을 때 일어난 여러 일에 대해서는 다른 사람들로부터 수집해서 들어야만 했다. 내 의식, 내 영혼(인간 존재로서의 내 핵심에 해당하는 그것을 뭐라고 부르든지 간에)은 떠나 있었다.

2장

거대한 물고기처럼 팔딱거리다

린치버그 종합병원 응급실은 버지니아주에서 두 번째로 가장 분주한 곳으로, 평일 아침 9시 반이면 업무가 한창 진행 중이다. 월요일인 그날도 예외는 아니었다. 나는 주로 샬러츠빌에서 근무했지만 린치버그 병원에서 수술을 많이 해서 그곳 사람들을 모두 다 알고 있었다.

나와 거의 2년간 함께 일했던 응급실 의사 로라 포터는 구급차로부터 54세 백인 남성이 간질 지속상태로 응급실에 도착한다는 연락을 받았다. 그녀는 구급차 안을 들여다보고 새로 들어온 환자의 상태에 대해 가능한 원인 목록을 작성했다. 내가 그녀의 입장이었더라도 같은 목록을 적었을 것이다. 알코올금단경련발작, 약물 과다 복용, 저나트륨혈증, 뇌졸중, 전이성 혹은 초기 뇌종양, 뇌출혈, 뇌농양, 뇌막염 등.

응급 구조대원들이 나를 응급실의 메이저 베이 1호실로 옮겼을 때 나는 여전히 간헐적으로 신음소리를 내고 팔다리를 마구 흔들며 격렬하게 경련을 일으키고 있었다.

발광하며 온몸을 비틀고 있는 방식으로 미루어 포터 박사가 보기에 나의 뇌는 심각히 손상된 것이 명백했다. 간호사 한 명이 환자용 카트를 가져오고, 다른 한 명은 피를 채취하고, 또 한 명은 응급 구조대원들이 집에서 놓아준 정맥주사를 새것으로 교체했다. 그들이 다가왔을 때 나는 마치 물에서 건져낸 거대한 물고기처럼 팔딱거렸다. 또 알아들을 수 없는 이상한 말들과 짐승소리를 토해냈다. 로라가 보기엔 경련도 문제였지만 운동 제어능력에 비대칭이 보인다는 점이 우려스러웠다. 이것은 뇌가 공격받고 있을 뿐만 아니라 이미 돌이킬 수 없는 심각한 뇌 손상이 진행되고 있다는 의미로 해석할 수 있었다.

이런 상태의 환자를 보고 적응하는 데에는 시간이 좀 걸리지만, 로라는 이미 수년간 응급실에서 많은 일을 겪어낸 사람이었다. 하지만 동료 의사가 이런 식으로 응급실에 실려온 것을 본 적은 없었기에, 침대 위에서 괴성을 지르며 몸을 뒤틀고 있는 환자를 자세히 보고는 깜짝 놀랐다. "이븐이잖아." 그러고선 목소리를 높여 주변의 다른 의사와 간호사들에게 알렸다. "이븐 알렉산더예요!"

근처에 있던 직원들이 그녀의 말을 듣고 모여들었다. 구급차를 따라온 홀리가 그들 사이로 들어왔고, 로라는 증세를 일으켰을 만한 가장 가능성 있는 이유들에 대한 규정상의 질문을 줄줄이 던졌다. 알코올 중독 증세가 있었는지, 최근에 불법 환각제를 투약했는지 등등. 그러고 나서 그녀는 나의 발작을 멈추게 하려고 애쓰기 시작했다.

최근 몇 달간 이븐 4세는 나에게 강력한 '등반 적응 프로그램' 훈련을 받게 했었다. 이븐과 함께 에콰도르의 19,300피트 코토팍시산 '부자父子 동행 등반 프로그램'에 참가하기로 했기 때문이었다. 이 훈련으로 나는 상당히 힘이 세진 상태여서 당번 간호사들이 나를 제압하는 데 애를 먹었다. 5분 동안 15밀리그램의 디아제팜(진정제) 정맥주사를 맞은 후에도 나는 계속 헛소리를 하고 발버둥을 치면서 사람들과 몸싸움을 하고 있었다. 그나마 포터 박사를 안심시킨 것은, 내가 몸의 양쪽 편을 모두 다 쓰고 있다는 점이었다. 홀리가 경련이 일어나기 전에 심한 두통이 있었다고 말하자 포터 박사는 즉시 요추천자를 시행하기로 했다. 이것은 척추 맨 아랫부분에서 뇌척수액을 소량 추출하는 것을 말한다.

뇌척수액이란 뇌척수의 표면을 따라 흐르는 맑은 물 같은 액체를 말하는데, 이것이 뇌를 코팅해주고 있어서 충격을 완충하는 역할을 한다. 정상적인 건강한 신체는 하루에 대략 1파인트(약 0.5리터)의 뇌척수액을 만들어내는데, 그 투명도가 떨어지면 곧 감염이나 출혈이 발생했음을 의미한다.

이런 감염을 뇌막염이라고 한다. 뇌막이란 척추와 두개골의 내부에 형성된 막으로서 뇌척수액과 직접 접촉되어 있는데 바로 이 뇌막에 생긴 염증이 뇌막염이다. 다섯 번에 네 번꼴로 바이러스가 그 원인이다. 바이러스성 뇌막염은 환자를 상당히 아프게 할 수는 있지만 치명적인 경우는 겨우 1퍼센트에 불과하다. 하지만 다섯 번에 한 번 정도는 박테리아가 원인이 되기도 한다. 박테리아는 바이러스보다 더 원시적이어서 훨씬 위험한 적이 될 수 있다. 박테리아성 뇌막염은 치료받지 않으면 예외 없이 치명적이다. 적절한 항생제로 신속히 치료해도 사망률이 15퍼센트에서 40퍼센트에 이른다.

성인에게 발생하는 박테리아성 뇌막염의 원인균 중에서 가장 드문 것 중 하나가 대장균이다. 대장균은 아주 오래전에 출현한 굉장히 끈질긴 박테리아이다. 얼마나 오래되었는지 아무도 정확히는 모르지만 대략 30억 년에서 40억 년 사이로 추정된다. 이 유기체는 핵이 없고 무성 이분열(둘로 나뉜다는 뜻이다)이라는 원시적이지만 지극히 효율적인 방법으로 번식한다. DNA로 채워진 세포가 자신의 세포벽을 통해 직접 영양소(보통은 다른 세포를 공격해서 영양소를 흡수한다)를 취할 수 있다고 상상해보라. 그러고는 여러 DNA 가닥들을 동시에 복사해서 20분마다 두 개의 딸세포로 쪼개진다고 상상해보라. 한 시간이면 여덟 개가 된다. 12시간이면 690억 개가 된다. 15시간이면 35조 개다. 이렇게 폭발적으로 성장하는 현상은 먹이가 떨어져야만 겨우 주춤하기 시작한다.

이 밖에도 대장균은 고도로 난잡한 생식을 한다. 세균접합이라는 과정을 통해 다른 박테리아 종과 유전자를 주고받을 수 있기 때문에, 필요에 따라 신속하게 새로운 특성(새로운 항생제에 대한 내성과 같은)을 획득할 수 있다. 이러한 성공적인 수완 덕분에 대장균은 지구상에 초기 단세포 생물이 출현했을 때부터 지금까지 생존하고 있다. 우리 몸속의 위장기관 안에는 대개 대장균이 있고 정상적인 상황에서는 별 위협이 되지 않는다. 하지만 공격 성향의 DNA 가닥을 취하게 된 다양한 대장균들이 척수와 뇌 주변의 뇌척수액을 침략하게 되면, 이 원시세포들은 즉시 뇌척수액 안의 포도당을 먹어치우기 시작하면서 뇌조직 자체도 공격할 수 있다.

그 당시는 누구도 내가 대장균성 뇌막염에 걸렸을 것으로 생각하지 못했다. 그런 의심을 할 이유가 없었다. 성인에게는 천문학적 확률로 드문 질병이기 때문이다. 환자들은 주로 신생아들이며, 3개월 이상만 되어도 이 병에 걸리는 경우는 극히 드물다. 성인이 자연발생적으로 걸리는 비율은 연간 천만 명 중의 한 명 이하다.

박테리아성 뇌막염의 경우, 박테리아는 먼저 뇌의 바깥 부분인 대뇌피질을 공격한다. 오렌지 껍질을 상상해보면 대뇌피질이 어떻게 원시뇌를 둘러싸고 있는지를 알 수 있다. 대뇌피질은 기억, 언어, 감정, 시각과 청각, 논리 등을 담당한다. 따라서 대장균과 같은 유기체가 뇌를 공격하면 우리를 가장 인간이게끔 해주는 그런 기능들을 담당하는 부위가 초기에 손상된다. 박테리아성 뇌막염의 희생자들은 많은 경우에 발병한 지 며칠 내로 초기에 사망한다. 나처럼 신경계 기능이 급속히 저하되면서 응급실로 후송된 경우에는 오직 10퍼센트만이 운 좋게 살아남는다. 그나마 살아남은 이들의 상당수도 여생을 식물인간 상태로 보내게 된다.

포터 박사는 대장균성 뇌막염을 의심하진 않았지만, 뇌에 어떤 특정 종류의 감염이 있었으리라 보고 요추천자를 하기로 결정했던 것이다. 그녀가 간호사에게 요추천자를 위한 기구를 가져오게 하고 시술을 준비하고 있을 때 내 몸은 마치 감전이라도 된 것처럼 솟아올랐다. 새로 힘이 들어간 나는 길고 고통스러운 신음소리를 냈고 아치 모양으로 등을 구부린 채로 허공에다 대고 두 팔을 마구 흔들었다. 얼굴은 시뻘게지고 목의 정맥이 불거졌다. 로라가 큰 소리로 도움을 요청하자 두 명이 더 왔고 곧이어 네 명이 되더니 결국 여섯 명이서 힘들게 나를 제압하여 시술을 준비했다. 그들은 강제로 내 몸을 태아 자세로 유지해 로라가 더 많은 진정제를 투여할 수 있게 했다. 마침내 움직임이 잠잠해지자 척추 밑으로 침을 꽂았다.

박테리아가 공격하면 신체는 즉시 방어태세를 취하고 침략자를 물리치기 위해 비장과 골수에 주둔하고 있는 백혈구 특수부대를 파병하게 된다. 외계 생물체가 신체를 공격할 때마다 발생하는 거대규모의 세포전쟁에서 백혈구들은 초기 사상자가 된다. 포터 박사는 나의 뇌척수액이 조금이라도 깨끗하지 않다면 백혈구 때문이라는 것을 잘 알고 있었다.

포터 박사는 몸을 굽혀 압력계를 지켜보았다. 이 투명한 수직 튜브 안으로 뇌척수액이 보여야 했다. 놀랍게도 액체는 똑똑 흐르는 것이 아니라 세차게 분출했다. 압력이 위험한 수준으로 높았기 때문이다.

뇌척수액의 상태를 본 그녀는 다시 한번 놀랐다. 그것이 조금만 불투명해도 위독한 상태라는 뜻인데, 압력계로 분출된 액체는 찐득찐득한 하얀색이었을 뿐만 아니라 연한 초록색마저 감돌고 있었다.

나의 척수액은 고름으로 가득 차 있었다.

3장   뇌가 파괴되다니

포터 박사는 린치버그 종합병원의 동료이자 전염병 전문의인 로버트 브레넌 박사를 호출했다. 그들은 인근 연구소에 더 많은 검사를 의뢰해두고 결과를 기다리면서 할 수 있는 모든 진단과 치료를 검토했다.

시시각각으로 검사결과가 나오는 동안, 나는 침대에 묶인 채로 계속 신음하고 꿈틀거렸다. 그런데 더욱 당혹스러운 일이 발생했다. 그램 염색 테스트(덴마크 의사가 창안한 검사법으로, 박테리아를 그램 음성 혹은 그램 양성으로 분류해준다)에서 그램 음성균이 관찰되었는데 지극히 이례적인 일이었다.

그 사이에 뇌 CT를 촬영했더니, 뇌막이 위태롭게 부어오르고 염증이 생겼다는 결과가 나왔다. 기관 내 튜브를 삽입하고 인공호흡기에 의지해 숨을 쉬게 했고(정확히 분당 12회로), 수많은 모니터를 침대 주변에 설치해서 내 몸과 거의 파괴된 나의 뇌에서 나오는 모든 움직임을 기록했다.

매년 자연발생적으로(뇌 수술이나 머리 외상 때문이 아닌) 대장균에 의한 박테리아성 뇌막염에 걸리는 극소수의 성인들은 면역저하 상태(에이즈 같은)인 경우와 같이 대부분 구체적인 원인이 있었다. 하지만 나에게는 이런 질병에 걸릴 법한 요인이 없었다.

뇌와 인접한 코의 부비강이나 중이를 통해 침입한 박테리아들이 뇌막염을 일으키는 경우도 있지만, 대장균은 해당하지 않는다. 그런 일이 벌어지기엔 뇌척수액 공간이 신체의 다른 부분으로부터 너무나도 잘 봉쇄되어 있기 때문이다. 척수나 두개골에 구멍을 내지 않은 이상, 예를 들어 의사가 삽입한 션트(수술 때 혈액이나 체액이 흐를 수 있도록 몸속에 끼워 넣는 작은 관)나 뇌심부 자극기로 전염되지 않는 이상 대장균같이 주로 장에 서식하는 박테리아는 뇌척수액 공간으로 침범할 수가 없다. 나도 환자들의 뇌에 수백 번 션트와 자극기를 설치해보았기에 이에 관해 토론할 수 있었다면, 아마도 납득할 수 없어 난처해하는 내 담당 의사들과 마찬가지였을 것이다. 있을 수 없는 경우라고 딱 잘라 말했을 것이다.

두 의사는 검사로 나타난 명백한 결과를 여전히 받아들일 수 없어서 더 큰 규모의 의학연구소 전염병 전문가들에게 도움을 청하기로 했다. 결과는 역시나 오직 하나의 진단을 가리키고 있다는 결론에 모두가 동의했다.

느닷없이 심각한 대장균성 박테리아 뇌막염에 걸린 것이 병원에서의 첫날 내가 연출해낸 유일한 묘기는 아니었다. 응급실에 있는 동안 나는 장장 두 시간에 걸쳐 으르렁거리며 짐승처럼 울부짖고 신음소리를 낸 후에 잠잠해졌다. 그러고 나서 난데없이 불쑥 세 마디의 말을 외쳤다고 한다. 아주 분명했기 때문에 그곳에 있던 모든 의사와 간호사들 그리고 커튼 뒤로 몇 걸음 떨어져 서 있던 홀리까지도 선명히 들을 수 있었다.

"하느님, 저를 살려주세요!"

모두가 내 쪽으로 달려왔다. 그들이 다가왔을 때 나는 이미 완전한 무반응 상태가 되어 있었다.

나는 이렇게 외친 것을 포함해 응급실에서 지낸 시간에 대한 아무런 기억이 없다. 이 세 마디는 그 후로 7일 동안 내가 내뱉은 마지막 말이 되었다.

4장

아들 이븐

메이저 베이 1호실에 들어온 후로 나의 상태는 계속 악화되었다. 건강한 정상인의 뇌척수액 포도당 수치는 데시리터당 약 80밀리그램이다. 심각한 수준의 박테리아성 뇌막염으로 생명이 위독한 사람은 포도당 수치가 데시리터당 20밀리그램까지 내려갈 수 있다.

그런데 나의 뇌척수액 포도당 수치는 1밀리그램이었다. 글라스고코마스케일(뇌 손상 측정 지표) 점수는 15점 만점에 8점이어서 심각한 뇌질환이 의심되었는데 그다음 날부터는 더 떨어졌다. 응급실에 있었을 때의 나의 아파치 II(급만성 건강 지표) 점수는 가능한 점수인 71점 중에서 18점이었고 이는 입원 중 사망률이 약 30퍼센트임을 의미했다. 더 구체적으로 말하면, '급성 그램 음성 박테리아성 뇌막염'이라는 진단을 받았고 처음부터 급속한 신경학적 이상을 보였다는 점으로 보아, 응급실 도착 무렵에 나의 생존율은 기껏해야 10퍼센트 정도였다. 항생제가 효과를 나타내지 못하면 이후 수일간 나의 사망확률은 꾸준히 상승하여 회복의 여지가 없는 100퍼센트에까지 도달할 것이었다.

의사들은 나를 입원실로 보내기 전에 강력한 세 가지 항생제 정맥주사를 놓았다. 내 병실은 응급실 위층에 있는 중환자실로, 커다란 독방 10호실이었다.

나는 외과의사로서 이런 중환자실에 자주 다녔다. 절대적으로 위독한 환자들이자 죽음이 코앞에 있는 이들을 위한 방이어서, 다수의 의료진이 동시에 작업할 수 있게끔 되어 있다. 가망이 없어 보이는 온갖 곤란 속에서도 환자를 살려내기 위해 완전한 합동작전으로 노력하는 의료진의 모습은 경탄할 만한 광경이다. 이런 중환자실에서 모든 힘을 쏟은 환자들이 되살아나느냐 아니면 결국 숨을 거두느냐에 따라서, 나는 엄청난 자부심을 또는 모진 허탈감을 다 경험해보았다.

상황이 상황이니만큼 브레넌 박사를 비롯한 다른 의사들 모두 가능한 한 낙관적인 태도로 홀리를 대했다. 그러나 실제로는 낙관할 수 없었다. 진실은, 내가 곧 어느 때이고 죽을 위험에 처해 있다는 사실이었다. 설령 죽지 않는다고 해도 나의 뇌를 공격하고 있는 박테리아들이 이미 대뇌피질의 상당 부분을 먹어치워서 뇌의 고등기능을 손상시켰을 것이었다. 혼수상태로 있는 시간이 길어질수록, 만성적인 식물인간으로 여생을 보내게 될 가능성도 그

만큼 더 커지고 있었다.

다행히 린치버그 의료진 외에 다른 사람들도 도움을 주러 왔다. 한 시간 후 동네 이웃인 마이클 설리번과 우리 교구 신부님이 응급실에 도착했다. 홀리가 구급차를 따라가려고 현관문을 막 나섰을 때 휴대전화가 울렸는데, 그녀의 오랜 친구 실비아 화이트였다. 실비아는 중요한 일이 생길 때 항상 그 시점에 정확히 나타나는 신기한 능력의 소유자였다. 홀리는 실비아에게 영적인 능력이 있다고 믿었다(나는 그녀가 예측하는 능력이 조금 탁월하다는 정도로 생각했었다). 홀리는 실비아에게 상황을 설명했고 그들은 함께 내 가까운 가족들, 즉 근방에 사는 바로 아래 여동생 베치, 보스턴에 사는 막내 여동생 필리스, 그리고 큰누나 진에게 연락을 취했다.

그 월요일 아침에 진은 델라웨어에 있는 집에서부터 버지니아 주를 거쳐 남쪽으로 차를 몰고 있었다. 때마침 그녀는 윈스턴세일럼에 사는 우리 어머니를 도우러 가는 중이었다. 진의 휴대전화가 울렸다. 그녀의 남편 데이비드였다.

"리치먼드에 도착했어?" 그가 물었다.

"아니, 지금 리치먼드 북쪽 95번 주간 고속도로에 있어." 그녀가 답했다.

"서부 방면 60번 도로를 탄 다음 24번으로 갈아타고 린치버그로 와. 이븐이 응급실에 있다고, 홀리가 방금 전화했어. 오늘 아침에 발작이 일어났는데 지금 혼수상태래."

"어머나 세상에! 이유가 뭐야?"

"확실하진 않은데, 뇌막염인 것 같대."

진은 바로 핸들을 꺾어 울퉁불퉁한 이차선 아스팔트 도로인 서부 방면 60번 도로를 따라가서 구름이 낮게 깔린 24번 도로를 타고 린치버그로 향했다.

그날 오후 3시 델라웨어대학교 기숙사에 있던 아들 이븐에게 연락을 취한 것은 필리스였다. 전화가 울렸을 때 이븐은 베란다에서 과학 숙제를 하던 중이었다(나의 아버지가 신경외과 의사였는데 이븐도 의사의 길에 관심이 있었다). 필리스는 상황을 짧게 알려주고는 의사들이 다 알아서 하고 있으니 걱정하지 말라고 했다.

"의사들이 원인을 알아냈대요?" 이븐이 물었다.

"글쎄, 그램 음성 박테리아와 뇌막염을 언급하긴 했어."

"며칠 후에 시험이 두 개 있어서 선생님들께 간단한 메모를 남겨야겠어요." 이븐이 말했다.

나중에 이븐이 말해준 바에 따르면, 처음에는 내가 심각한 상태라는 필리스의 말을 믿을 수 없었다고 한다. 그녀와 홀리는 항상 과대해석을 하는 경향이 있을 뿐만 아니라 내가 아팠었던 적이 없었기 때문이었다. 한 시간 후에 마이클 설리번의 전화를 받고 나서야 당장 차를 몰고 내려가봐야 한다는 것을 깨달았다고 했다.

이븐이 버지니아주를 향해 차를 몰고 떠날 즈음에 차가운 비가 퍼부었다. 필리스는 6시에 보스턴에서 출발했다. 이븐이 495번

주간 고속도로를 타고 포토맥강을 건너 버지니아로 들어갈 무렵에, 필리스는 바로 그 위 상공의 먹구름을 통과하고 있었다. 그녀는 리치먼드 공항에 도착해 차를 렌트해서 60번 도로를 달렸다. 이븐은 린치버그까지 몇 마일 안 남은 시점에 홀리에게 전화했다.

"본드는요?" 그가 물었다.

"자고 있어." 홀리가 말했다.

"그럼 병원으로 곧장 갈게요." 이븐이 말했다.

"집에 안 들러도 되겠어?"

"네, 괜찮아요. 아빠를 빨리 보고 싶어요."

이븐은 밤 11시 15분 외과 중환자실에 도착했다. 불이 밝게 켜진 안내 접수처에 이르자 야간 당번 간호사만 보였다. 이븐은 그녀의 안내를 받아 내 병실로 왔다.

그 시간에는 방문한 사람들이 모두 집으로 돌아간 후였다. 드넓고 어스레한 방에서 들리는 소리라고는 내 몸을 유지하는 기계장치들이 내는 삐 소리와 쉬익 소리밖에 없었다.

출입구에서 나를 본 이븐은 얼어붙었다. 20년을 살면서 그는 내가 감기에 걸린 것 말고 아픈 모습을 본 적이 없었다. 그런데 지금은 그 모든 기계장치가 나를 살아 있는 것처럼 보이게 하려는데도 불구하고, 사실상 내 모습은 시체나 다름없었기 때문이었다. 육체는 그의 앞에 놓여 있었지만 아들이 알고 있던 아빠는 그곳에 없었다.

좀 더 나은 표현을 쓰자면, 나는 다른 곳에 있었다.

5장

지렁이의 시야로 보는 세계

암흑인데, 볼 수 있는 것이 가능한 암흑이다. 마치 진흙으로 완전히 뒤덮인 상황인데도 그 속이 훤히 보인다고나 할까. 어쩌면 지저분한 젤리 같다고 하는 게 더 맞을지도 모르겠다. 속이 들여다보이면서도, 흐릿하고 희미하고 밀실 공포증으로 숨 막힐 것 같은 그런 느낌이다.

의식은 존재하는데, 기억이나 자기 정체성이 없는 의식이다. 마치 꿈속에 있을 때 주변에서 무슨 일이 일어나는지는 알아도, 내가 누구인지 무엇인지는 알 수 없는 것처럼.

소리도 마찬가지이다. 깊게 규칙적으로 쿵쿵 두드리는 소리, 멀리서 느껴지지만 강력해서 그 각각의 파동은 매번 나를 통과할 듯하다. 심장박동 소리 같은 건가? 약간은 그렇지만 더 무겁고 더 기계적이다. 금속과 금속이 부딪치듯, 거대한 지하세계의 대장장이가 저 멀리 어디선가 모루를 두드리는 듯하다. 어찌나 세게 두드리는지 그 소리가 지구 전체를 진동시키는 것 같고, 진흙을 혹은 내가 있는 그곳을 진동시키고 있다. 그곳이 어디든 간에.

나에겐 몸이 없었다. 적어도 평소에 내가 알고 있던 그런 몸은 없었다. 나는 그냥… *거기에* 있었다. 맥박이 뛰고 고동치는 그 어둠 속에. 그때 이것을 '태고의 공간'이라고 불렀을지도 모르겠다. 하지만 그런 일들이 벌어지고 있던 그 당시에 나는 이 단어를 알지 못했다. 사실상 나는 그 어떤 단어도 전혀 알지 못하는 상태였다. 지금 여기서 사용되는 단어들은 훨씬 나중에 내가 이 세상에 다시 돌아와 기억한 내용을 기록할 때 사용한 표현들이다. 그때는 언어, 감정, 논리가 모두 다 사라졌었다. 마치 태초에 생명이 시작될 당시의 상태로 퇴행한 것 같았다. 나 몰래 나의 뇌를 점령해서 꺼버린 바로 그 원시적 박테리아들의 시절로.

그 세계에 얼마나 오랫동안 머물렀을까? 전혀 모르겠다. 일상에서 우리가 경험하는 그런 시간개념이 없는 곳에 갔을 때의 느낌을 정확히 묘사하기는 거의 불가능하다. 그런 일이 발생했을 때, 그곳에 있었을 때, 나는 마치 내가('나'라는 것이 무엇이든 간에) 언제나 그곳에 있었고 앞으로도 언제까지나 그럴 것처럼 느꼈다.

적어도 처음에는 이 사실에 그다지 신경 쓰지 않았다. 그 상태가 내가 아는 유일한 상태인데 왜 신경을 쓰겠는가? 이보다 더 나은 무언가에 대한 기억이 없었기 때문에 나는 내가 어디에 있는

지에 대해 특별히 마음을 쓰지 않았다. 살아남을 수도 있고 그러지 못할 수도 있다는 생각이 떠오르기도 했는데, 나의 생존 여부 자체에 무관심했기 때문인지 도리어 불사신이 된 것 같은 느낌이 더 커질 뿐이었다. 내가 속한 그 세상의 여러 법칙에 대해 알 도리가 없었으나 이를 알려고 서두르지도 않았다. 어떻게 되든지, 걱정할 필요가 없지 않은가?

정확히 언제 일어난 일인지 말할 순 없지만, 어느 순간엔가 나는 내 주위에 어떤 물체들을 지각하게 되었다. 질척이는 거대한 자궁 안에 있는 뿌리 같기도 했고, 혈관 같기도 했다. 검붉은색으로 빛나면서 그것들은 저 멀리 위쪽의 어딘가로부터 저 멀리 아래의 어떤 곳으로까지 뻗어 있었다. 돌이켜 생각해보니 그것들을 바라보는 나는 마치 두더지나 지렁이처럼, 땅속 깊숙이 파묻혀 있으면서도 그 주위를 둘러싼 뿌리와 나무들이 얽힌 모체를 볼 능력이 있는 것 같았다.

그래서 나중에 이곳을 떠올렸을 때 이것을 '지렁이의 시야로 보는 세계'라고 이름 붙였다. 오랫동안 나는 이것을 박테리아가 뇌를 공격하기 시작했을 때 나의 뇌가 느낄 법한 기억의 일종이라고 추측했다.

하지만 이런 식의 해석에 대해 생각하면 할수록, 그것은 아무런 의미가 없다고 느껴졌다. 그곳에서 나의 의식은 몽롱하거나 일그러져 있지 않았다. 나는 그냥, *제한되어* 있었을 뿐이었다. 그곳에 있었을 때의 나는 사람이 아니었다. 동물도 아니었다. 나는 사람이나 동물 이전의, 그 이하의 어떤 것이었다. 나는 그저 시간이 흐르지 않는 적갈색 바다 위에 홀로 떠 있는, 주시하는 의식 그 자체였다.

그곳에 머무는 시간이 길어질수록 느껴지는 편안함도 점점 줄어들었다. 처음에는 그 속에 완전히 빠져 있어서 '나'와 나를 둘러싼 주변의 기이하면서도 익숙한 요소들을 구분하지 못했다. 하지만 시간이 없고 경계가 없는 곳에 깊숙이 잠겨 있다는 느낌은 점차 내가 이 지하세계에 결코 속하지 않으며 오히려 그것의 덫에 걸려 있다는 느낌으로 바뀌었다.

배설물같이 더러운 곳에서 괴이한 동물들의 얼굴이 거품처럼 올라와 고통스러운 신음소리를 내거나 귀에 거슬리는 날카로운 소리를 내더니, 이내 다시 사라졌다. 이따금 으르렁거리는 소리가 둔탁하게 들리기도 했다. 때로는 이런 으르렁거리는 소리가 희미하고 리드미컬한 멜로디로 변하기도 했다. 이 멜로디는 무서우면서도 동시에 이상하리만치 익숙하게 느껴졌다. 마치 내가 이 모든 소리를 잘 알고서 직접 내뱉고 있기라도 한 것처럼.

내가 그전에 어떤 존재였는지에 대한 기억이 없다 보니 이곳에서의 시간은 밑도 끝도 없이 펼쳐졌다. 몇 달이 지났을까? 몇 년이 지났을까? 무한한 시간이 지났을까? 어쨌든 어느 순간엔가 섬뜩한 느낌이 처음의 편안하고 익숙한 느낌을 넘어서기 시작했다. 그 어둠으로부터 나오는 얼굴들이 추악하고 험악해 보일수록 나는 나라는 것이 주변의 차갑고 축축한 어둠과 분리되어 존재하는 것처럼 느껴지기 시작했다. 멀리서 규칙적으로 두드리는 소리도 점점 날카롭고 강렬해졌는데, 마치 지하세계에서 트롤(북유럽 신화에 나오는 지하나 동굴에 사는 초자연적인 괴물) 군단이 난폭하게 작업하면서 내는 단조로운 소리로 변하는 듯했다. 주변에서 느껴지는 움직임은 시각적인 양상이 줄어들고 촉각적인 느낌이 커져서, 마치 파충류나 벌레 같은 생물들이 무리를 지어 지나가면서 이따금 그들의 매끈한 피부나 비늘로 덮인 껍질이 내게 닿아 느껴지는 듯했다.

그러고 나서 어떤 냄새가 느껴지기 시작했다. 배설물 같기도 하고, 피 같기도 하고, 구토물 같기도 했다. 다른 말로 하자면 그것은 생물체의 냄새이긴 했는데, 생명의 냄새가 아니라 죽음의 냄새였다. 나는 자각하는 의식이 점점 명료해질수록 점점 더 패닉 상태로 접어들었다. 내가 누구이고 무엇인지는 몰라도, 어쨌든 이곳은 내가 있을 곳이 아니었다. 여기서 빠져나가야만 했다.

하지만 어디로 간단 말인가?

질문을 한 바로 그 순간에, 어둠으로부터 새로운 무엇인가가 솟아나왔다. 차가운 것, 죽은 것, 어두운 것이 아니라 그것과 완전히 반대되는 그 무엇이었다. 내 남은 평생 노력한다 해도, 내게 다가온 이 실체를 제대로 보여주고, 그것이 얼마나 아름다웠는지를 묘사하는 일은 불가능할 것이다.

그래도 한번 시도해보려 한다.

6장

생명을 이어주는 닻

아들 이븐이 도착하고 두 시간 후인 새벽 1시에 필리스가 병원 주차장에 당도했다. 그녀가 병실에 들어섰을 때, 이븐은 잠들지 않으려고 베개를 움켜쥐고 내 침대 옆에 앉아 있었다.

"엄마는 본드랑 집에 있어요." 그녀를 보자 이븐은 피곤하고 긴장된, 그러면서도 반가운 목소리로 말했다.

필리스는 이븐에게 집으로 가라고 했다. 델라웨어에서 먼 길을 운전하고 왔는데 지금 여기서 밤새우면 내일 아무에게도, 특히 아버지에게도 도움이 되지 못할 것이라고 말했다. 그녀는 우리 집으로 전화해 홀리와 진에게 이븐이 곧 갈 거라면서 자기가 여기서 밤을 보내겠다고 말했다.

"집으로 가라. 엄마와 고모, 동생이 기다리고 있으니까." 전화를 끊으면서 그녀가 이븐에게 말했다. "가족들에겐 네가 필요해. 네가 내일 아침에 다시 올 때까지 내가 아빠 곁을 지키고 있을게."

이븐은 내 모습을 바라보았다. 오른쪽 콧구멍에서 기도까지 꽂혀 있는 투명한 플라스틱 튜브, 거칠어진 얇은 입술, 감은 두 눈과 축 늘어진 얼굴 근육들을.

필리스가 그의 생각을 읽었다.

"집으로 가, 이븐. 걱정하지 말고. 네 아빠는 아직 우리와 함께 계셔. 내가 절대 보내지 않을 거야."

그녀는 내 곁으로 와서 손을 쥐고 주무르기 시작했다. 인기척이라고는 기계장치들과, 한 시간마다 수치를 체크하러 오는 간호사밖에 없는 곳에서, 그녀는 밤새도록 손을 잡아 내가 자기와 계속 연결되어 있게 해주었다. 내가 이 상황을 헤쳐나가기 위해서는 이것이 무엇보다도 중요하다는 것을 그녀는 잘 알고 있었다.

남부 사람들이 가족을 정말 중요시한다는 말은 상투적인 표현이겠지만, 상투적인 말들의 상당수가 그렇듯이 그것은 사실이기도 하다. 1988년 하버드에 갔을 때 내가 받은 첫인상 중 하나는 북부 사람들은 가족에 관해 이야기할 때 왠지 모르게 쑥스러워한다는 사실이었다. 하지만 남부에 사는 많은 사람은 가족을 통해서 자신의 정체성을 드러내는 일을 당연하게 여긴다.

내가 살아온 삶에서 가족(부모님과 누이들, 그리고 나중에는 홀리, 이븐, 본드)은 언제나 나를 든든하게 지탱해주는 힘의 원천이었고 최근에는 더욱더 그랬다. 나에게 가족은 무조건적인 지지를 보내주는 의지처였는데, 요즘 세상은 이러한 소중한 가치가 너무나 희박해진 것 같다.

나는 홀리와 아이들을 데리고 가끔 성공회 성당에 다녔다. 하지만 수년이 지나도록 크리스마스와 부활절에나 얼굴을 내비치는 사람들보다 아주 조금 나은 정도였다. 집에서 아이들한테는 잠자기 전 기도를 하게끔 시켰지만 영적인 리더는 결코 아니었다. 영적인 일들이 과연 얼마나 사실로 존재하는지에 대해 의심하는 마음이 항상 있었다. 성장하면서 하느님과 천국과 사후세계를 믿고 싶었지만, 수십 년을 신경외과 학계의 엄격한 과학적 세계 속에서 보내면서는 영적인 세계가 정말로 실재하는지에 대해 근본적인 의문이 들지 않을 수 없었다. 현대 신경과학은 뇌가 의식을 생겨나게 한다고 하는데, 나는 이 사실을 의심하지 않았다. (의식consciousness을 마음mind 또는 영혼soul 또는 영spirit이라고 하든, 하여간 우리를 진정 우리이게끔 해주는 눈에 보이지 않는 그 불가해한 부분을 뭐라고 부르든지 간에 말이다.)

임종하는 환자 및 그 가족들과 직접 대면하는 대부분의 의료계 종사자들이 그렇듯이, 나는 그동안 거의 설명이 불가능한 그런 사건들에 대해 들어보았고 직접 목격하기도 했다. 그런 일들에 대해서는 '알 수 없음'으로 그저 기록해둔 채, 어떤 형태로든 그 기저에는 분명 상식적인 해답이 있으리라고 여겼었다.

그렇다고 초자연적인 현상을 믿는 것을 반대하는 것도 아니었다. 사람들이 육체적으로, 감정적으로 겪는 엄청난 고통을 수시로 목격할 수밖에 없는 의사의 입장에서, 믿음이라는 것이 주는 안정감과 희망을 결코 그 누구에게서도 빼앗을 생각은 없었다. 오히려 나부터라도 그런 믿음이 주는 효과를 누려보고 싶은 마음이었다.

하지만 나이가 들수록 그것은 점점 더 가능할 것 같지 않았다. 바다가 해변을 닳게 해서 없애듯이, 지난 세월 동안 나의 과학적 세계관은 더욱 드넓은 무언가를 믿을 수 있는 능력을 조금씩, 꾸준히 침식했다. 끊임없이 새로 주어지는 과학적 증거들은 이 우주에서 우리가 지닌 의미가 거의 무에 가깝다고 말해주는 듯했다. 믿음을 갖는 일은 흐뭇한 일이었을 것이다. 하지만 과학은 흐뭇함에 관해선 관심이 없다. 오직 *실제로* 있는 것에 대해 관심을 가질 뿐이다.

나는 역동적인 학습자이다. 즉, 실천을 통해 배우는 사람이라는 뜻이다. 내가 직접 느끼거나 접할 수 없는 것일 경우 나는 흥미를 갖기가 어렵다. 신경외과라는 분야를 선택하게 된 것도 아버지처럼 되고 싶은 마음 때문이기도 했지만, 이해하고 싶은 대상에 손을 뻗어 직접 접해보고자 하는 욕망 때문이기도 했다.

인간의 뇌는 추상적이고 신비로운 만큼이나, 또한 놀라울 정도로 구체적이다. 듀크대학교 의대생이었을 때 나는 현미경으로 길고 섬세한 뉴런세포를 관찰하는 일을 즐겼다. 뉴런세포가 시냅스 연결 부위에 불꽃을 일으키면 의식이 발생한다. 내가 뇌 수술에 매력을 느꼈던 이유는 여기에선 추상적인 앎의 요소와 순전히 물질적인 요소가 잘 조합되기 때문이다. 뇌에 도달하기 위해서는 두개골을 덮고 있는 여러 피부층과 조직을 떼어놓고 미다스 렉스 드릴Midas Rex drill이라는 고속 압축공기 장치를 사용해야 한다. 수천 달러가 나가는 아주 정교한 장비이지만 실제로 작업에 착수해보면 그것은 그냥 단순한 드릴에 불과하다.

이처럼 수술을 통해 뇌를 치료하는 일은 대단히 복잡한 작업이기는 하지만, 사실상 고도로 섬세한 전자기계를 고치는 일과 다르지 않다. 뇌라고 하는 것은 바로 의식이라는 현상을 생산해내는 기계라는 걸 나는 잘 알고 있었다. 물론 과학자들은 아직 뇌의 뉴런이 어떻게 작동하는지를 완전히 다 발견해내지는 못했지만 이것은 단지 시간문제일 뿐이었다. 그것은 매일 수술실에서 증명되고 있었으니까. 어떤 환자가 와서 머리가 아프고 지각능력이 떨어진다고 한다. MRI 검사를 해서 종양이 발견된다. 전신마취를 하고 종양을 제거하고 나면 몇 시간 후에 환자가 깨어난다. 이제 두통도 사라졌고 지각능력의 장애도 사라졌다. 이처럼 아주 간단한 일이다.

나는 이런 단순함, 즉 과학의 절대적 정직성과 깨끗함을 좋아했다. 그것이 공상이나 엉성한 생각을 허용하지 않는다는 점을 높이 평가했다. 과학에서는 하나의 사실이 확실하고 신뢰할 만하면 수용되고, 그렇지 않으면 버려졌다.

이런 접근법으로 보면 영혼이나 심령적인 일들, 또는 인격의 토대가 되는 뇌가 기능을 멈춘 후에도 삶이 지속된다는 이야기들은 자리할 곳이 없었다. 성당에서 계속해서 듣고 또 들었던 '영생'이라는 단어는 더더욱 설 곳이 없었다.

그랬기 때문에 나는 이토록 가족(아내 홀리와 두 아들, 세 누이 그리고 어머니와 아버지)에 기대어 살았던 것이다. 정말이지 나의 직업활동은, 즉 매일매일 의사로서 수행해야 했고 목격해야만 했던 일들은, 가족의 든든한 사랑과 이해라는 버팀목이 없었더라면 절대 가능하지 않았을 것이다.

바로 그런 까닭에 필리스는 그날 밤(우리의 누이 베치와 통화한 후에) 가족 전체를 대표해서 나에게 약속을 했다. 내 곁에 앉아 생기 없이 늘어진 내 손을 꼭 잡고선, 지금 이 순간부터 어떤 일이 일어나더라도 누군가가 항상 나의 손을 붙잡고 자리를 지키고 있을 거라고 말해주었다.

"우리는 오빠를 보내지 않을 거야." 그녀는 말했다. "우리는 오빠가 필요해. 우리가 오빠를 이 세상에 연결하는 닻이 되어줄게."

앞으로 이런 연결해주는 닻이 얼마나 중요한 작용을 했는지 그때 그녀는 알지 못했다.

7장   회전하는 관문으로 들어가다

어둠 속에서 무언가가 나타났다.

그것이 천천히 돌면서 황금빛의 새하얀 가는 빛줄기들을 발함에 따라 내 주위의 어둠은 점점 부서지면서 떨어져나가기 시작했다.

그러자 새로운 소리가 들렸다. 최고로 화려하고, 최고로 구성진, 지금껏 들어본 어떤 음악보다도 더 아름답고 *생생히 살아 있는* 소리였다. 순백색의 빛이 내려옴과 동시에 그 소리가 점점 더 커지더니, 여태까지 나와 함께했던 그 유일한 단조롭고 기계적인 박동 소리는 더는 들리지 않았다. 그 빛은 점점 더 가까이 다가와 주변을 회전하면서 순백색의 빛줄기들을 내뿜었다. 자세히 보니 빛줄기들은 여기저기에 황금색을 띠고 있었다.

그런 후 빛의 한 중앙에서 다른 무언가가 나타났다. 나는 최대한 깨어 있는 의식으로 그것이 무엇인지 알아내려 했다.

열려 있는 구멍이었다. 나는 더는 천천히 회전하는 빛을 바라보고 있는 것이 아니라 그 안에 있었다.

이 사실을 이해한 순간 나는 상승하기 시작했다. 그것도 아주 빨리. 휙 하는 소리가 났고 나는 순식간에 그 구멍으로 들어가 완전히 새로운 세상에 놓이게 되었다. 내가 지금껏 보지 못했던 가장 이상하고, 가장 아름다운 세상이었다.

찬란하게 빛나고, 생기가 넘치고, 황홀하고, 너무나 아름다운… 이 세계가 어떻게 보이고 어떻게 느껴지는지를 묘사하기 위해 온갖 형용사들을 다 나열한다 해도 결코 그것에 미치지 못할 것이다. 나는 내가 태어났다고 느꼈다. 다시 태어났다는 뜻이 아니라 그냥… 태어났다.

내 아래로는 전원 풍경이 펼쳐졌다. 푸르고 무성하게 우거진 지구의 모습 같았다. 그것은 지구였다…. 하지만 동시에 아니었다. 마치 부모님이 내가 아주 어릴 때 몇 년간 살았던 장소로 데려다준 듯한 느낌이랄까. 내가 알지 못하는 장소이다. 적어도 모른다고 생각된다. 하지만 주변을 돌아보니 무언가에 끌리는 기분이고 마침내 내 안의 어떤 부분이 아주 깊은 한편에서 이 장소를 기억하고 있어 여기로 다시 돌아온 것을 기뻐하고 있음을 발견하게 된다.

나는 날고 있었다. 나무들, 들판, 시냇물, 폭포 그리고 여기저기에 사람들이 보였다. 웃고 노는 아이들도 있었다. 사람들은 둥글

게 모여서 노래를 하고 춤을 췄고 그들만큼이나 즐거워 보이는 개가 깡충깡충 뛰어다녔다. 그들은 단순하면서도 아름다운 옷을 입고 있었는데, 주변에 만발한 꽃과 나무들이 지닌 따뜻한 생명력이 옷 색깔에서도 똑같이 느껴지는 듯했다.

믿을 수 없을 만큼 아름다운 꿈의 세상….

그런데 꿈이 아니었다. 나는 내가 어디에 있는지, 심지어는 내가 무엇인지도 몰랐지만 한 가지만은 확실했다. 내가 갑자기 놓인 이곳은 실제 현실이었다.

실제라는 단어는 의미가 다소 추상적이어서 내가 묘사하고자 하는 것을 전달하는 데 정말 너무나 쓸모가 없다. 어린아이가 되어 어느 여름날 극장에 갔다고 상상해보자. 영화가 훌륭해서 앉아 있는 동안 어쩌면 재미있었을 것이다. 하지만 영화가 끝난 후에 극장 밖으로 나왔더니 한여름의 강렬하고 생기 넘치는 따뜻한 오후가 맞이하고 있다. 이런 공기와 햇살을 느끼는 순간, 도대체 왜 어두운 극장 속에서 이렇게 멋진 날씨를 낭비했는지 안타까워하게 될 것이다.

이 느낌을 천 배로 증폭시킨다 해도 그때의 내 심정에는 조금도 미치지 못할 것이다.

내가 정확히 얼마나 오랫동안 날아다녔는지는 알 수 없다. (그곳에서의 시간은 우리가 지상에서 경험하는 단선적인 시간과 달라서 다른 모든 양상도 그러하지만 정말 묘사하기가 너무나도 어렵다.) 그런데 어느 순간엔가 내가 혼자 있는 게 아니라는 걸 깨달았다.

누군가 내 옆에 있었다. 광대뼈가 도드라진 푸른 눈의 아름다운 여자였다. 그녀는 아까 그 아랫마을에 있는 사람들과 비슷한 농부 같은 옷을 입고 있었다. 황갈색의 긴 머리가 그녀의 사랑스러운 얼굴과 조화를 이루었다. 우리는 함께 어떤 물체의 표면 위를 타고 있었다. 그것은 이루 말할 수 없이 생생한 색채를 띤 복잡한 무늬를 가진 나비의 날개였다. 사실은 수백만 마리의 나비들이 우리 주변에 있었다. 거대한 파도를 이루는 무수한 퍼덕거림이 아래쪽의 푸른 나무들 속으로 들어갔다가 다시 나와서 우리에게로 돌아오곤 했다. 나비들이 각각 별개로 노니는 것이 아니라 모두가 한 몸이 되어, 마치 거대한 생명과 색채의 강물이 되어 하늘을 가로질러 날고 있었다. 우리는 둥근 고리 모양의 편대비행으로 여유롭게 만발한 꽃들을 지나쳤다. 우리가 가까이 스치는 나무의 봉오리들은 활짝 피어났다.

여인의 옷차림은 간소했지만 색깔(아주 연한 블루, 인디고, 파스텔 조의 오렌지-피치 빛깔)은 주변의 모든 사물처럼 아주 강력한 느낌이었고, 너무나도 생생히 살아 있는 듯했다. 그녀가 나를 바라보았는데, 그 눈빛을 잠깐이라도 본 사람이라면, 그간에 어떤 힘든 일을 당했다 할지라도 지금까지 살아온 삶 전체가 진실로 살 만한 가치가 있었다고 느꼈을 것이다. 로맨틱한 느낌은 아니었다. 우정의 눈빛도 아니었다. 이 모든 것들을 넘어선… 지상에서 우리가 경험하는 모든 종류의 사랑을 넘어선 듯한, 그런 눈빛이었다. 그런 다양한 종류의 사랑들을 모두 포괄하면서도 동시에 훨씬 더 참되고 순수한, 더 높은 차원의 것이었다.

그 어떤 어휘도 구사하지 않으면서 그녀는 말을 했다. 그 메시지는 바람처럼 나를 통과했고, 나는 그것이 진실임을 즉시 깨달았다. 우리 주변의 세상이 실체가 없는 덧없는 환상이 아니라 진짜 현실임을 내가 알 수 있었던 것과 똑같은 방식으로, 이번에도 이 사실을 그냥 알 수 있었다.

그 메시지는 세 가지로 이루어졌는데 이것을 지상의 언어로 옮기면 대략 다음과 같은 내용이다.

"그대는 진실로 사랑받고 있고 소중히 여겨지고 있어요, 영원히."

"그대가 두려워할 것은 아무것도 없어요."

"그대가 저지를 수 있는 잘못은 없어요."

엄청나게 깊은 안도감이 거대한 파도처럼 밀려왔다. 마치 평생 전혀 이해하지 못한 채로 해온 인생이라는 게임의 규칙을 건네받은 것 같았다.

"우리는 여기서 많은 것을 보여줄 거예요." 그녀는 이번에도 실제 단어를 사용하지 않고 그것의 개념적 본질을 직접적으로 전했다. "하지만 결국에는 다시 돌아가게 될 거예요."

나는 오직 한 가지가 궁금했다.

어디로 돌아간단 말인가?

지금 이 글을 쓰는 사람이 어떤 사람인지 기억해주기 바란다. 나는 순진한 감상주의자가 아니다. 나는 죽음이 어떤 모습으로 다가오는지 알고 있다. 상태가 좋을 땐 같이 대화도 하고 농담도 주고받았던 사람을 살려내려고 수술대에서 여러 시간 사력을 다했으나, 결국은 생명력을 잃은 물체가 되어버렸을 때의 기분이 어떤지 알고 있다. 나는 고통이 무엇인지 안다. 사랑하는 사람이 죽는다는 것을 상상도 할 수 없었던 이들이 실제로 사랑하는 사람을 잃었을 때, 불러도 응답 없는 그 상황의 비통함이 뭔지 나는 알고 있다. 나는 내 몸의 생물학적 메커니즘을 알고 있고, 물리학자는 아니더라도 만만하게 여길 실력은 아니다.

　나는 환상과 현실의 차이를 알고, 결코 만족할 만한 수준의 묘사는 아니지만 희미하게나마 어떻게든 내가 당신에게 설명해주려는 이 경험이, 내 인생에서 가장 실제적인 경험이라는 것을 알고 있다.

　사실, 현실 영역에서 그것과 경쟁이 될 만한 유일한 것은 그다음에 나타났다.

8장

이스라엘 여행

다음 날 아침 9시가 되자 홀리가 병실에 왔다. 필리스와 교대한 그녀는 내 머리맡 의자에 앉아 여전히 아무 반응이 없는 내 손을 꼭 쥐었다. 오전 11시쯤 마이클 설리번이 도착하자, 모든 사람이 나를 둘러싸며 둥근 원을 만들었고 베치가 내 손을 잡아 나도 그 원에 속하게 해주었다. 마이클이 기도를 이끌었다. 기도가 끝날 무렵 전염병 전문의가 아래층에서 차트를 들고 올라왔다. 밤사이 항생제를 조정해서 투여했음에도 불구하고 나의 백혈구 수치는 계속해서 올라가고 있었다. 박테리아들이 아무 방해도 받지 않은 채로 계속 나의 뇌를 먹어치우고 있었던 것이다.

할 수 있는 선택이 없어지자 의사들은 다시 한번 홀리와 함께 지난 며칠간 내가 했던 활동들을 세세하게 되짚어보았다. 그런 후엔 또 질문의 범위를 지난 몇 주일까지로 확장했다. 이런 증세가 생겨난 원인을 설명해줄 만한 그 *어떤 단서라도* 찾아내려고 안간힘을 썼다.

홀리가 말했다. "그러고 보니 몇 달 전에 이스라엘에 출장을 갔었어요."

노트패드를 보고 있던 브레넌 박사가 고개를 들었다.

대장균 박테리아 세포는 다른 대장균들과 DNA를 교환할 수 있을 뿐만 아니라 다른 그램 음성 박테리아하고도 DNA 교환이 가능하다. 오늘날같이 전 세계로 여행을 다니고, 항생제가 넘쳐나고, 빠른 속도로 돌연변이를 일으켜 세균성 질환의 새로운 변종이 생겨나는 시대에 이것은 엄청난 의미를 함축한다. 일부 대장균들이 모진 생물학적 환경에 처해 있고 그들보다 적응을 더 잘하는 다른 원시 유기체들과 함께 있을 경우, 대장균들은 이들로부터 DNA를 일부 뽑아내어 자기 것으로 만들 수 있다.

1996년 의사들은 폐렴간균 카바페네마제Klebsiella Pneumoniae Carbapenemase, 즉 KPC를 코딩하는 DNA를 가진 새로운 박테리아 변종을 발견했다. KPC란 숙주 박테리아에 항생제 내성을 부여하는 효소를 말하는데, 노스캐롤라이나 병원에서 사망한 환자의 위장에서 발견되었다. KPC를 가진 박테리아가 현재 통용되는 몇몇 항생제뿐만 아니라 모든 항생제에 대해서 내성을 갖는다는 사실이 발견되면서, 이 변종은 전 세계적으로 의사들의 주의를 끌게되었다.

만일 항생제에 견디는 유독성 변종 박테리아(이것의 비유독성 사촌뻘 되는 박테리아 중 하나가 우리 몸 전체에 퍼져 있다)가 일반 대중에게 퍼진다면, 그것들은 인류를 갖고서 신나게 한판 즐길 수 있을 것이다. 왜냐하면 우리를 구원해줄 새로운 항생제의 개발이 향후 10년 내에는 가능하지 않기 때문이다.

불과 몇 달 전에 어떤 환자가 심한 세균 감염으로 입원해서 폐렴간균을 잡기 위해 강력한 항생제들을 투여받았던 적이 있었다. 그 사실을 브레넌 박사도 알고 있었다. 그 환자의 상태는 계속 악화되었는데 검사결과 여전히 폐렴간균을 앓고 있었고 항생제가 전혀 효과가 없었다는 사실이 밝혀졌다. 더 많은 검사를 해본 결과 그의 대장 안에 서식하던 박테리아들이 내성이 생긴 폐렴간균 감염을 통해 직접적인 플라스미드(염색체와는 별개로 독자적으로 증식할 수 있는 세포 내 유전인자) 전달로 KPC 유전자를 얻은 것이었다. 다시 말하면 그의 신체가 새로운 박테리아 종을 만들어내는 실험실 역할을 한 셈이다. 이 박테리아가 일반 대중에게로 퍼지면 14세기 유럽의 절반을 사망케 한 전염병인 흑사병에 버금가는 사태가 발생할 수 있었다.

이 사건은 이스라엘 텔아비브에 있는 소라스키 메디컬센터에서 발생한 것으로, 내가 초음파 뇌 수술에 대한 국제협력연구를 위해 그곳에 있었을 때 일어난 일이었다. 나는 새벽 3시 15분에 예루살렘에 도착해 호텔 방을 잡고 나서 즉흥적으로 이 역사 깊은 도시를 산책하기로 작정했었다. 그래서 돌로로사 거리를 둘러보았고, 그리스도 최후의 만찬이 있었다고 전해지는 유적지를 방문한 후, 동틀 무렵에 단독 투어를 마쳤었다. 왠지 모르게 나는 이 답사가 감동적이어서 미국으로 돌아온 후에도 홀리에게 이 이야기를 자주 꺼내곤 했다. 하지만 그 당시엔 소라스키 메디컬센터의 환자나, 그 환자가 감염된 KPC 유전자를 획득한 박테리아에 대해서는 들은 바가 없었다. 그 박테리아는 성장하면서 그 자체가 대장균의 변종이 되었다.

내가 이스라엘에 있었을 때 항생제가 듣지 않는 KPC를 보유한 박테리아에 감염된 것일까? 그랬을 것 같진 않다. 하지만 내 감염의 내성에 대한 하나의 설명이 될 수는 있었기에, 의사들은 실제로 그 박테리아가 나의 뇌를 공격하고 있는 것인지를 알아내려고 했다. 나의 경우는 무엇보다도 의학사의 한 증례가 될 운명이었다.

9장 중심근원THE CORE을 만나다

그러는 동안 나는 구름 속에 있었다.

검푸른 하늘 사이로 뭉게뭉게 피어오른 분홍색과 흰색의 큰 구름들이 선명하게 나타났다.

이 구름들보다 아주 한참이나 위에서는 희미하게 반짝이는 투명한 구체球體 모양의 존재들이 활 모양을 그리며 하늘을 가로질러 날면서 그 뒤로 기다란 선을 남겼다.

새들인가? 천사들인가? 이들 단어는 내가 나중에 기억을 적어둘 때 떠오른 것들이다. 하지만 그 어떤 말로도 이들을 설명할 순 없다. 이들은 내가 지상에서 알았던 그 무엇과도 전혀 달랐다. 그들은 더 진보된, *고차원*의 존재들이었다.

거룩한 성가처럼 거대하게 울리는 음향이 위쪽에서 들려왔다. 나는 혹시 날개 달린 존재들이 내는 소리인가 싶었다. 나중에 든 생각인데, 이 존재들은 높이 날아오를 때 느끼는 희열이 무척이나 큰 나머지 이런 소리를 낼 수밖에 없었던 게 아니었을까? 이런 식으로 발산하지 않고서는 그 기쁨을 누릴 수 없었던 것은 아니었을까? 그 음향은 거의 물리적으로 만져지는 것만 같았다. 마치 내리는 비를 피부로 느낄 수는 있어도 그 비가 나를 젖게 하지는 않는, 그런 느낌이었다.

그곳에서는 보는 작용과 듣는 작용이 별개로 분리되어 있지 않았다. 나는 저 위에 있는 재기 넘치는 존재들의 아름다운 은빛 몸을 들을 수 있었고, 희열의 극치로 물결치는 그들의 노래를 볼 수 있었다. 그 세계에서는 무언가를 보거나 들을 때 이미 그것의 일부가 된 채로, 어떤 신비로운 방식으로 그것과 하나가 되어 보고 듣는 것 같았다.

지금의 관점에서 다시 말하면, 나는 여러분이 그 세계에 있는 그 어떤 대상도 볼 수 없다고 말하고 싶다. 왜냐하면 대상이라는 말 자체가 분리를 전제로 하는 것인데 그곳에는 그런 분리가 없었기 때문이다. 모든 것은 구별되면서도 다른 모든 것의 일부였다. 무늬가 서로 뒤섞인 채 화려하게 펼쳐져 있는 페르시아 양탄자나 나비의 날개에서처럼 말이다.

따뜻한 바람이 불어왔다. 마치 최고로 화창한 여름날에 바람이 나무 잎사귀들을 희롱하며 천상의 물처럼 부드럽게 흐르는 듯했다. 신성한 산들바람이었다. 그것은 내 주변의 모든 것을 더욱 높은 옥타브로, 더욱 높은 진동수로 바꿔주었다.

비록 그때 나는 아직 언어기능 즉, 적어도 우리가 지상에서 생각하는 그런 언어기능이 미약한 상태였지만, 무언의 의문들이 들기 시작했다. 이 바람에 대해서, 그리고 그 배후에서 작업하고 있다고 느껴진 신성한 존재에 대해서.

여기가 어디지?

나는 누구지?

내가 왜 여기에 있지?

내가 질문을 내던질 때마다 마치 파도가 내게로 와 부서지면서 빛과 색채와 사랑과 아름다움이 한꺼번에 폭발하듯이, 답은 즉각적으로 주어졌다. 이러한 폭발들이 단지 나를 압도함으로써 질문을 무마한 것은 결코 아니었다. 그러한 폭발들은 실제로 질문에 대한 답을 주었다. 하지만 언어를 넘어선 방식을 통해서였다. 생각들이 직접적으로 내게 들어왔다. 하지만 지상에서 경험하는 그런 생각들이 아니었다. 애매하고 실체가 없거나 추상적인 것이 아니었다. 이 생각들은 명확하고 즉각적이어서, 그 생각들을 받았을 때 내가 만일 지상에 있었다면 그 개념들을 온전히 이해할 때까지 여러 해가 걸렸겠지만, 그 당시에 나는 힘들이지 않고도 즉시 이해할 수 있었다.

앞으로 계속 나아가자 나는 완전히 깜깜하고 무한하지만 여전히 한없이 편안하고 거대한 텅 빈 공간 속으로 들어가게 되었다.

칠흑같이 캄캄했는데도 동시에 빛이 넘쳐흘렀다. 이 빛은 내 가까이에 있는 것 같은, 황홀하도록 눈부신 구체에서 오는 듯했다. 앞에서 천사 같은 존재들이 불렀던 노래처럼, 구체는 살아 있는 듯하면서도 고체같이 단단하기도 했다.

이상하게도 그때 처한 상황은 자궁 속의 태아가 존재하는 것과 유사했다. 태아는 말없이 영양을 공급해주는 태반과 더불어 자궁 속을 떠다니는데, 태반이 연결해주는 어머니는 사방에 있으면서도 그 모습은 보이지 않는다. 여기서 '어머니'는 하느님, 창조주, 우주만물을 있게 한 근원에 해당한다. 이 존재는 참으로 가까이에 있어서, 나와 근원 사이에 일체의 틈이 없다고 느껴질 정도였다. 그러면서도 나는 창조주의 무한한 광대함과, 그에 비해 내가 얼마나 하잘것없이 작은지를 느낄 수 있었다.

나는 하느님을 때때로 옴$_{Om}$이라는 대명사로 지칭하려 한다. 내가 혼수상태에서 깨어난 후에 쓴 글들에서 이 표현을 처음으로 사용했기 때문이다. 전지전능한, 조건 없는 사랑의 하느님과 관련해서 내가 들었다고 기억한 소리가 '옴'이었는데, 그 어떤 단어로도 사실상 표현하기 어려울 것이다.

구체가 내게 길동무를 해주고 있는 이유는, 나와 옴 사이에 청정하게 광대한 공간이 가로놓여 있기 때문이라는 것을 곧 알게 되었다. 어찌 보면 완전히 이해하지 못했음에도 내가 확신할 수 있었던 것은, 그 구체가 나를 둘러싼 이 엄청난 현존과의 사이에서 일종의 '통역자' 역할을 했다는 점이다.

그러니까 마치 나는 더 넓은 세상에 태어났는데, 그 세상은 하나의 거대한 우주적 자궁 같았다. 그리고 구체(어떤 면에서는 나비 날개 위에 있던 여인과 연결되어 있었고, 사실상 **그녀이기도 했다**)는 이 과정에서 나를 안내해주고 있었다.

나중에 세상으로 되돌아왔을 때 나는 17세기의 기독교 시인인 헨리 본의 인용구에서 이곳(신성 자체의 거주처인 칠흑 같은 거대한 중심)에 대한 다소 비슷한 표현을 발견했다.

"어떤 이들이 말하기를, 하느님 안에는 깊지만 눈부신 어둠이 있다…."

정확히 바로 그것이었다. 칠흑 같은 어둠인데도 빛으로 가득했다.

질문을 하면 답이 주어졌고, 그것은 계속되었다. 우리가 아는 언어의 형식은 아니었지만 이 존재의 '목소리'는 따뜻했고, 이상하게 들리겠지만 인격적이었다.

그 존재는 인간들을 이해하고 있었으며 우리가 지닌 특성들을 무한한 규모로 더욱더 많이 갖고 있었다. 그 존재는 나를 깊이 이해했고 내가 늘 인간과 연관 지어 생각했던, 오직 인간들만이 갖는 그런 특성들로 가득 차 있었다. 따뜻함, 자비로움, 연민… 심지어는 아이러니와 유머까지도.

구체를 통해서 옴은 내게, 우주가 하나만 있는 것이 아니라 사실은 내 상상 이상으로 많은 수의 우주들이 있는데, 그 모든 우주의 기저에는 사랑이 자리하고 있다고 말해주었다. 다른 우주들에서도 악이 존재하지만 아주 적은 양의 흔적을 남길 뿐이다. 악이 불가피한 이유는, 악이 없으면 자유의지가 불가능해지고 자유의지가 없으면 우리가 성장할 수 없기 때문이다. 즉, 우리는 앞으로 나아가고 신이 염원하는 그런 모습으로 되어갈 기회가 없게 된다. 우리의 세계에서 때로는 악이 끔찍하고 매우 강력한 것처럼 보일지라도, 더 큰 그림에서 본다면 사랑이 지배적이고 궁극적으로 승리를 거둘 것이라고 했다.

나는 셀 수 없이 많은 우주 속에 무수히 많은 생명이 있는 것을 보았고, 그중에는 우리보다 훨씬 더 지성이 진보된 존재들이 거주하는 우주들이 있었다. 보다 높은 차원들이 셀 수 없이 많았는데, 이들 차원을 알기 위해서는 그 안에 들어가 직접 경험하는 수밖에 없다는 것을 알았다. 더 낮은 차원에 있으면서 그것들을 알거나 이해할 수는 없다. 이들 고차원 영역에서도 원인과 결과는 존재하지만 우리가 알고 있는 개념을 넘어선 것이다. 지상에서 우리가 살아가는 시간과 공간의 세계는 이들 고차원 세계와 긴밀하고도 복잡하게 맞물려 있다. 다시 말해, 이 세계들은 우리로부터 완전히 분리되어 있지 않다. 왜냐하면 모든 세계는 일체를 주관하는 신성한 실재의 일부이기 때문이다. 고차원 세계의 존재들은 우리 세계의 어떤 시간이나 공간으로도 접근할 수 있다.

내가 그곳에서 배운 것을 다 풀어 쓰려면 내 남은 인생으로도,

아니 그보다 더한 시간이 주어져도 부족할 것이다. 나에게 주어진 지식은 역사 강의나 수학 공식을 배울 때처럼 '가르침을 받는' 형식이 아니었다. 설득되어서 흡수되는 방식이 아니라 통찰이 바로 일어났다. 정보는 암기하지 않아도 즉시 그리고 영원히 저장되었다. 일반적인 정보들처럼 기억이 서서히 희미해지는 것이 아니어서 오늘까지도 나는 그 모든 정보를 간직하고 있다. 그동안 줄곧 학교에서 공부해 얻은 지식보다도 더 선명하게 되새기고 있다.

그렇다고 그 지식을 그냥 내놓을 수 있다는 뜻은 아니다. 지금은 지상의 영역으로 돌아왔기 때문에 나의 제한된 육체와 두뇌로 인해 절차가 필요하다. 하지만 다 내 안에 있다. 내 존재 자체에 깔려 있음을 느낄 수 있다. 낡은 방식의 세계관으로 지식을 축적하고 이해를 도모하는 데에 평생을 바친 나 같은 사람이, 이런 고도로 진보된 배움을 발견한 것만으로도 향후 오랫동안 생각할 거리들은 충분할 것이다.

그러나 유감스럽게도, 지상에 있는 나의 가족과 의사들에게 닥친 상황은 매우 달랐다.

10장 정말로 중요한 것은

이스라엘 여행에 대해 언급했을 때 홀리는 의사들이 특별한 관심을 보인다고 느꼈다. 물론 그녀는 그것이 *왜* 그렇게 중요한지 이해할 수 없었다. 돌이켜 생각해보면, 그녀가 이해하지 못한 것은 축복이었다. 내가 21세기의 흑사병에 필적할 만한 새로운 질병의 최초 증례가 될지 모른다는 사실은 둘째치고, 사망 가능성만으로도 이미 그녀는 너무 힘겨웠기 때문이다.

그 사이 친구들과 친척들에게 연락이 갔다. 그중에는 나의 생물학적 가족이 포함되었다.

어릴 때 나는 아버지를 숭배했다. 아버지는 윈스턴세일럼의 웨이크 포레스트 뱁티스트 메디컬센터Wake Forest Baptist Medical Center에서 20년간 원장으로 재직했다. 아버지만큼 해낼 수 없다는 것을 뻔히 알면서도 직업으로 신경외과라는 학문을 선택한 것은 어떻게든 아버지의 뒤를 따라가려는 마음 때문이었다.

아버지는 아주 영적인 분이었다. 제2차 세계대전 당시 필리핀과 뉴기니의 정글에서 육군항공부대 소속 군의관으로 복무했다. 그때 잔인한 폭력과 고통을 목격했고, 그 자신도 직접 고통을 받았다. 우기의 쏟아지는 장맛비 아래 간신히 지탱하는 천막 속에서 전투 부상자를 수술하느라 수많은 밤을 지새웠고, 너무나 숨 막힐 정도의 열기와 습기에 속옷까지 벗어가며 견뎌내었다.

아버지는 태평양 전장에서 복무할 당시, 일생일대의 사랑인 베티(사령관의 딸이었던)와 1942년 10월에 결혼했다. 미국이 히로시마와 나가사키에 원자폭탄을 투하한 후 전쟁을 끝냈을 때 그는 일본을 점령한 초기 연합군에 소속되어 있었다. 도쿄의 유일한 미군 신경외과 의사로서 공식적으로 없어서는 안 될 존재였다. 게다가 이비인후과까지 수술을 할 수 있는 자격증도 있었다.

이 때문에 한동안 아버지는 다른 곳으로 갈 수 없었다. 새로 온 사령관은 상황이 더 '안정되기' 전에는 미국으로 돌아갈 수 없다며 허락하지 않았다. 일본이 도쿄만의 미주리함에서 공식적으로 항복한 지 몇 달 후에 아버지는 마침내 고향으로 가도 된다는 일반명령을 받았다. 하지만 현장의 사령관이 알게 되면 명령을 철회할 것을 알고 있었다. 그래서 사령관이 군사기지 밖으로 휴가를 나가는 주말까지 기다렸다가, 사령관 대리를 통해 명령을 처리하도록 했다. 결국 대다수 동료 군인들이 이미 오래전에 가족의 품으로 돌아간 후인 1945년 12월에 아버지는 고향으로 가는 배를 탈 수 있었다.

1946년 초에 미국으로 돌아온 아버지는 친구이자 하버드 의대 동급생인 도널드 맷슨과 함께 신경외과 연수를 마저 끝냈다. 도널드 맷슨은 유럽 전장에서 복무했었다. 그들은 피터벤트브리검병원과 보스턴에 있는 어린이전문병원(하버드 의과대학의 주력 병원)의 프랭크 D. 잉그러햄 박사 밑에서 수련했다. 잉그러햄 박사는 전 세계적으로 현대 신경외과 수술의 아버지라고 불리는 하비 쿠싱 박사 밑에서 배운 마지막 레지던트 중 한 명이었다. 1950년대와 1960년대에는 유럽과 태평양의 전장에서 기술을 연마한 신경외과 의사 핵심 그룹인 '3131C'(육군항공부대에서 공식적으로 이렇게 분류되었다)가, 우리 세대를 포함해서 향후 반세기를 이끌 신경외과 의사들을 위한 표준을 마련하기 시작했다.

대공황을 겪으며 자란 나의 부모님은 언제나 일을 굉장히 열심히 했다. 아버지는 저녁식사를 하기 위해 항상 7시에 집에 도착했다. 보통은 넥타이를 맨 양복 차림이었지만 때로는 수술 복장을 하고 있었다. 그러고는 다시 병원으로 갔는데, 아이 중의 한 명을 데리고 가서 자신이 회진을 도는 동안 연구실에서 숙제를 하게 했다. 아버지에겐 삶과 일이 본질적으로 같았고 그런 관점으로 우리를 길렀다. 일요일에는 나와 누이들한테 정원 일을 시켰다. 우리가 극장에 가고 싶다고 말하면 "너희가 영화를 보러 가면 다른 누군가가 그 일을 해야 해"라고 대답하셨다. 아버지는 또한 승부욕이 굉장히 강했다. 스쿼시 코트에서 그는 매 경기 '결사적으로 싸웠고', 80대 노인이 되어서도 종종 10년 연하의 새로운 경쟁 상대를 찾아 나섰다.

아버지는 많은 것을 요구했지만 훌륭한 부모였다. 만나는 사람들을 항상 존중했고, 회진을 도는 동안에도 혹시 헐거운 나사가 있을까 싶어 가운 주머니에 늘 드라이버를 넣고 다녔다. 환자, 동료 의사, 간호사, 병원 의료진 전체가 그를 무척 좋아했다. 환자를 수술하거나, 연구를 진척시키거나, 신경외과 의사를 수련시키거나(이 일에 특히 열정이 컸다), 〈신경외과Surgical Neurology〉지를 편집할 때나(이 일을 수년간 했다), 아버지는 삶의 소명의식이 뚜렷했다. 71세에 연로해서 결국 수술을 그만둔 이후에도 자기 분야의 최신 정보에 밝았다. 2004년에 돌아가신 후 그의 오랜 파트너였던 데이비드 L. 켈리 박사는 이렇게 썼다. "알렉산더 박사는 그의 열정과 능숙함, 인내와 세심한 배려, 자비심과 정직함 그리고 그가 이루어낸 탁월한 업적으로 언제까지나 기억될 것이다." 다른 많은 사람처럼 나 역시 아버지를 숭배했던 것은 놀라운 일이 아니었다.

아주 어린 시절에, 너무 오래전이라서 언제였는지 기억이 나지 않지만 부모님은 나를 입양했다(그들은 나를 본 순간 이미 아들이라고 느꼈기 때문에 나에게 '선택된'이라는 표현을 썼다)고 말해주었다. 그들은 생물학적인 부모는 아니었지만 나를 친자식만큼 깊이 사랑했다. 나는 1954년 4월에 4개월 된 아기였을 때 입양되었고, 생모는 1953년에 나를 낳을 때 열여섯 살(고등학교 2학년)의 미혼모였다는 사실을 자라면서 알게 되었다. 그녀의 남자친구는 고학년 학생으로 당장 아이 양육비를 댈 능력이 없었기에 두 사람 모두 원하진 않았지만 결국 나를 포기하기로 동의했다는 것이었다. 이 모든 것을 너무나 일찍 알아버려서인지 그것은 나의 정체성의 일부가 되었고, 마치 나의 새까만 머리색이나 내가 햄버거를 좋아하고 콜리플라워를 싫어한다는 사실만큼이나 의문의 여지 없이 받아들여졌다. 나는 양부모를 친부모처럼 사랑했고 그들도 역시 나에 대해 같은 감정이었다.

나의 손위 누이인 진도 입양됐는데, 그 후에 내가 입양되었다. 그런데 불과 5개월이 지나서 어머니는 임신을 했다. 어머니는 여동생 베치를 출산했고, 5년 후에 막내 여동생 필리스를 낳았다. 우리는 완벽한 형제자매였다. 내가 어디에서 왔든지 간에 나는 그들의 동생이고 오빠였고, 그들은 나의 누이들이었다. 나를 사랑하고 나를 신뢰하고 나의 꿈을 지원해주는 그런 가족의 품에서 나는 자랐다. 특히 고등학교 시절에 나는 아버지처럼 신경외과 의사가 되는 것을 꿈꾸기 시작했고 꿈을 이룰 때까지 결코 포기하지 않았는데, 이 역시 가족의 지원이 있었기에 가능했다.

대학교와 의과대학원을 다니는 동안 나는 입양 사실에 관해 생각하지 않았다. 사실은 표면적으로만 그랬다. 나는 노스캐롤라이나주의 어린이입양협회를 찾아가서 친모가 나를 다시 만나는 것에 관심이 있는지를 여러 번 문의했었다. 하지만 노스캐롤라이나주에는 당사자들이 정말로 다시 연결되고 싶어 하는 경우에조차 입양아와 친부모의 익명성을 강력하게 보호하는 법이 있었다. 20대 후반이 지나자 나는 이런 생각을 점점 덜 하게 되었다. 그리고 홀리를 만나서 나의 가족을 꾸리기 시작했을 때 이 문제는 더욱더 멀리 떠나갔다. 아니 어쩌면 마음속 더 깊은 곳으로 숨어들었는지도 모른다.

1999년 우리가 아직 매사추세츠에 살고 있을 당시, 열두 살이던 이븐 4세가 찰스리버학교 6학년이었는데 가족문화유산 프로그램에 참여하게 되었다. 이븐은 내가 입양되었고 따라서 자기가 만나보지 못한, 이름조차 모르는 친가족이 어딘가에 있다는 사실을 알게 되었다. 그 프로그램을 계기로 아들은 그때까지 생각지도 못했던 어떤 강력한 호기심을 발동했다.

그는 내가 친부모를 찾아낼 수 있는지 물었다. 나는 그동안 노스캐롤라이나주의 어린이입양협회에 가서 특별한 소식이 없는지 종종 문의했었다고 말해주었다. 나의 친모나 친부가 만남을 원했을 경우 그 협회에선 알았을 것이었다. 하지만 한 번도 답변이 돌아온 적은 없었다.

그렇다고 마음이 쓰이지는 않았다. "이런 상황에서는 당연한 거야." 나는 이븐에게 말했다. "그렇다고 내 친엄마가 나를 사랑하지 않는다는 뜻은 아니야. 너를 보게 됐을 때 너를 사랑하지 않을 거라는 뜻도 아니야. 다만 우리에겐 이미 우리 가족이 따로 있으니까 아마 중간에 끼어서 방해하고 싶지 않아서 그럴 거야."

그래도 이븐이 쉽사리 포기하지 않아서 결국 나는 그를 달래기 위해 예전에 나를 도와줬던 어린이입양협회의 사회복지사 베티에게 편지를 썼다. 몇 주 후, 2000년 2월의 어느 눈 오는 금요일 오후 이븐과 함께 주말 스키를 타러 보스턴에서 메인 주까지 차를 몰고 가던 중, 문득 진행 상황을 확인하기 위해 베티에게 전화를 주기로 한 약속이 기억났다. 휴대전화로 전화를 하니 그녀가 받았다.

"저, 사실은, 새로운 소식이 있습니다. 지금 자리에 앉아 계세요?" 그녀가 말했다.

눈보라 속에서 운전 중이라는 점을 제외하면 사실 앉아 있다고 할 수 있었으니, 일단 그렇다고 대답했다.

"알렉산더 박사님, 친부모님 두 분은 지금 결혼한 것으로 되어 있습니다."

가슴에서 심장이 쿵쾅거리고 전방의 도로가 갑자기 꿈같이 멀게 느껴졌다. 내 부모가 연인 관계였다는 것은 알고 있었지만, 일단 나를 포기하고 나서는 각자의 길을 갔다고 믿고 있었다. 순간적으로 내 머릿속에는 하나의 그림이 그려졌다. 내 친부모와 그들이 어디선가 꾸린 가정의 모습이었다. 내가 알지 못한, 내가 소외

된 그런 가정.

생각에 잠겨 있는 나에게 베티가 말했다. "알렉산더 박사님?"

"네." 나는 천천히 답했다. "듣고 있습니다."

"말씀드릴 게 또 있어요."

나는 핸들을 꺾어 길 한쪽에 차를 댄 후 베티에게 계속 이야기해보라고 했다. 이븐은 무슨 영문인지 몰라 어리둥절해했다.

"친부모님께선 아이가 셋 더 있어요. 딸 둘과 아들 하나. 큰딸과 연락이 되었는데요, 여동생이 2년 전에 사망했다고 합니다. 부모님들이 아직 슬픔에 잠겨 있다고 하고요."

나는 듣고 있으면서도 아무것도 알아듣지 못하는 그런 멍한 상태로 있다가 한참 후에 물었다. "그래서 그 말은…?"

"알렉산더 박사님, 유감입니다만 그분이 연락을 거절한다는 뜻이에요."

이븐이 뒷자리에서 자세를 고쳐 앉았다. 뭔가 중요한 일이 일어났음을 알아차렸지만 무슨 일인지 몰라 당혹스러워했다.

"아빠, 무슨 일이에요?" 내가 전화를 끊자 이븐이 물었다.

"아무 일도 아니야." 내가 말했다. "그쪽에서 아직 알아낸 게 없지만 계속 수소문하고 있대. 어쩌면 나중에. 어쩌면…"

하지만 내 목소리는 점점 작아지면서 잠겼다. 창밖의 눈보라는 더 세차게 몰아치고 있었다. 양옆으로 길게 뻗은 눈 덮인 나지막한 나무들 사이로 겨우 100야드의 거리가 보일 뿐이었다. 나는 기어를 넣고 조심스럽게 백미러를 보면서 다시 도로로 나갔다.

순식간에 나에 대한 생각이 180도 바뀌었다. 그 전화 통화 후에도 물론 나는 여전히 과학자이고 여전히 의사이고 여전히 아버지이고 여전히 남편이었지만, 난생처음으로 고아가 된 기분이었다. 버려진 사람이 된 기분이었다. 온전히 받아들여지지 못한 존재가 된 기분이었다.

그 전화 통화 이전에는 스스로에 대해 그런 식으로, 그러니까 나의 뿌리에서 잘려져 나간 사람이라고 생각해본 적이 없었다. 내가 무언가를 잃어버렸고 다시는 찾을 수 없으리라는 그런 관점에서 스스로를 규정했던 적이 없었다. 그런데 이제는 문득, 이것이 나의 유일한 진실로 보였다.

이후 몇 달간 내 안에는 거대한 슬픔의 바다가 밀려왔다. 내가 그때껏 삶에서 이루어내려고 그토록 열심히 해왔던 모든 것들을 집어삼켜 침몰시킬 수도 있을 것만 같은 그런 슬픔이.

나에게 문제의 핵심을 볼 능력이 부족해서 상황은 더욱 악화되었다. 이전에도 내 안에서 문제를 겪은 적은 있었다. 그때는 나의 결점이 보였고 스스로 고쳤다. 예를 들자면 이런 것이다. 의과대학원 및 의사 초년병 시절에는 합당한 상황에서라면 과음을 해도 대체로 이해해주는 분위기가 있었다. 하지만 1991년 무렵 내가 쉬는 날과 그것에 덩달아 딸려오는 음주의 기회를 너무 지나치게 고대하며 지낸다는 사실을 깨달았다. 이제 술을 완전히 끊을 때가 되었다고 판단했다. 하지만 술이 가져다주는 해방감에 의존하는 습관이 생각보다 강해서 결코 쉽지가 않았다. 그나마 가족의 도움 덕분에 겨우 원래의 상태로 되돌아갈 수 있었다.

그런데 이번에 또 하나의 문제가 생긴 것이다. 탓할 사람은 명백히 나 자신밖에 없었다. 내가 먼저 물어보기로 선택했기 때문에 이 일을 만들어낸 것이었다. 왜 초반에 그냥 무시해버리지 못했단 말인가? 과거의 편린 때문에, 내가 어떻게 할 수도 없는 그런 일 때문에, 이토록 감정에 휘둘리고 업무까지도 타격을 받는다는 게 스스로 용납되지 않았다.

그래서 나는 나 자신과 싸웠다. 하지만 마음을 잡지 못한 채 의사로서 아버지로서 남편으로서의 의무를 수행하기가 점점 더 힘들어지는 것을 무력하게 바라볼 수밖에 없었다. 나의 심리 상태가 안 좋다는 것을 느낀 홀리는 부부 상담 프로그램을 신청했다. 그녀는 내가 왜 그러는지를 부분적으로밖에 이해할 수 없었지만, 내가 절망의 수렁에 빠지는 것을 용서해주었고 나를 끌어내기 위해 할 수 있는 일을 다 했다. 나의 우울증은 직업활동에도 영향을 끼쳤다. 부모님도 물론 나의 변화를 알아차렸고 비록 너그럽게 봐주시긴 했지만, 나는 의사로서의 경력이 침체에 빠지고 있다는 사실 때문에 너무 괴로웠다. 부모님은 그저 옆에서 지켜보는 것 외에는 도리가 없었다. 내가 꿈쩍도 하지 않는 상황에서는 가족들이 나를 도우려 해도 소용이 없었다.

그리고 마침내 슬픔은 드러나서 다른 무언가를 완전히 쓸고 갔다. 이 우주에는 내가 공부해온 과학적 지식을 넘어서는 힘을 가진 어떤 인격적인 요소가 있다고 반쯤은 믿었던 나의 마지막 희망을. 툭 까놓고 말하자면, 나를 정말로 사랑하고 아끼는, 그리고 나의 기도를 들어주고 이루어주는 어떤 궁극의 존재가 있을지도 모른다는 믿음을 완전히 사라지게 한 것이다. 눈보라 속에서의 그 전화 통화 이후로, 자비로운 인격적 하느님에 대한 개념을 완전히 상실했다.

우리 모두를 지켜보고 있는, 우리를 정말로 사랑하는 어떤 전능한 힘 혹은 지성이 존재하는 것일까? 내가 친부모에 대해 의외로 그토록 중요성을 부여하고 있었음을 나중에 알게 되었듯이, 놀랍게도 의사로서의 훈련과 경력에도 불구하고 내 깊은 곳에서는 이 의문에 무척이나 민감하게 매달리고 있었음을 인정하지 않을 수 없었다.

불행히도 그런 궁극의 존재가 있는지 없는지에 대한 답은, 나의 친부모가 마음을 열고 다시 나를 받아줄 것인가라는 질문에 대한 답과 동일했던 것이다.

그 답은 '아니오'였다.

11장 나락의 끝

이후 7년간 나의 직업활동과 가정생활은 힘들었다. 오랜 시간이 지나도록 주변에 있는 사람들, 심지어 가까운 사람들조차 내가 왜 그러는지 알지 못했다. 하지만 내가 무심코 흘린 몇 마디 말들을 통해 홀리와 내 누이들은 퍼즐 조각을 맞출 수 있었다.

2007년 7월 사우스캐롤라이나 해변으로 가족여행을 갔을 때, 어느 이른 아침 산책에서 마침내 베치와 필리스가 그 주제로 이야기를 꺼냈다. "친부모님에게 한 번 더 편지 써볼 생각은 안 해봤어?" 필리스가 물었다.

"맞아." 베치도 말했다. "그 사이에 상황이 달라졌을 수도 있잖아, 혹시 알아?" 베치가 최근에 아이를 입양할 생각을 하고 있다고 했기 때문에 그런 이야기가 나온 것은 그다지 놀랄 만한 일도 아니었다. 그렇지만 나의 즉각적인 반응은 (말로 했다기보다는 마음

속으로) *'싫어, 또다시 그러고 싶진 않아!'*였다. 7년 전에 거부당하고서 억장이 무너진 기억이 떠올랐다. 하지만 베치와 필리스의 마음이 진심이라는 것을 잘 알고 있었다. 그들은 내가 괴로워한다는 것을 알았고 마침내 그 이유도 알아냈다. 그래서 내가 보다 적극적으로 문제를 해결하기 위해 노력하기를 원했고 그 자체는 충분히 수긍할 만했다. 그들은 나의 여정을 끝까지 함께해주겠다고 하면서, 결코 더는 혼자가 아니라고 말해주었다. 우리는 이제 이 문제를 위해 함께 뛰는 한 팀이 된 것이었다.

그래서 2007년 8월 초, 나는 창구 역할을 했던 나의 친누이 앞으로 다음과 같은 익명의 편지를 써서 노스캐롤라이나 어린이입양협회의 베티에게 전달해달라고 부탁했다.

사랑하는 누이에게

나는 너와 남동생 그리고 부모님과 만나 대화를 나눠보고 싶다. 나의 입양 가족 누이들, 어머니와 함께 이와 관련해서 오랜 시간 대화를 나눴고, 그들의 격려와 관심 덕에 나의 친가족에 대해 더 많이 알고 싶은 마음이 생겼다.

아홉 살과 열아홉 살이 된 나의 두 아들도 자신의 뿌리에 관심을 두고 있단다. 편하게 이야기해줄 수 있는 정보라면 어떤 것이든, 우리 셋과 나의 아내는 감사하게 듣고 싶다. 그리고 나는 친부모님이 젊은 시절부터 지금까지 어떻게 살아왔는지 알고 싶고, 가족들 모두가 어떤 사람들인지 그리고 무엇을 좋아하는지도 궁금하다.

우리 모두 이제 나이 들어가고 있는 만큼, 가까운 시일 안에 그분들을 만나보고 싶다. 물론 양측의 합의하에서. 그분들이 지키고 싶어 하는 프라이버시를 전적으로 존중한다는 점을 알아주기 바란다. 나는 정말 멋진 입양 가족을 만났고, 친부모님의 젊은 시절 선택에 고마움을 느끼고 있다. 순수한 마음으로 만나고자 하는 것이고 그분들이 선을 긋고 싶어 하는 수준이 있다면 그렇게 할 것이다.

이 일에 대한 너의 배려에 마음 깊이 고맙게 생각한다.

진심을 다해, 오빠가.

몇 주 후에 나는 어린이입양협회로부터 한 통의 편지를 받았다. 내 친누이의 편지였다.

"네, 우리도 오빠를 정말 만나고 싶어요"라고 적혀 있었다. 노스캐롤라이나주의 법은 신원상의 정보를 알리는 것을 금지하고 있지만 그녀는 그런 제한 규정을 피해가면서 내가 한 번도 만나보지 못한 나의 친가족에 대한 단서들을 제공해주었다.

친아버지가 베트남에서 해군 비행사였다고 알려줬을 때는 한 대 얻어맞은 기분이었다. 나는 늘 비행기에서 뛰어내려 세일플레인으로 날아다니는 것을 좋아하지 않았던가. 더욱더 놀란 것은 친아버지가 1960년대 중반 나사NASA의 아폴로호 임무에서 우주 비행사 교육을 받았다는 사실이다(나도 1983년 우주왕복선의 우주선 탑

승 전문가 훈련을 받아볼 생각을 했었다). 친아버지는 나중에 팬아메리칸항공과 델타항공에서 조종사로 일했다.

2007년 10월 마침내 나는 친부모 앤과 리처드, 그리고 친형제자매인 캐시와 데이비드를 만났다. 앤은 1953년 샬롯메모리얼병원 옆에 있는 미혼모를 위한 플로렌스 크리텐던의 집Florence Crittenden Home for Unwed Mothers에서 어떻게 석 달을 보냈는지에 대한 이야기를 전부 들려주었다. 그곳의 모든 소녀는 별칭이 있었는데 어머니는 미국 역사를 좋아했기 때문에 신대륙에 이주한 영국인 가정에서 최초로 태어난 아기 이름인 버지니아 데어를 선택했다. 다른 소녀들은 그녀를 그냥 데어라고 불렀다. 열여섯의 그녀는 그곳에서 가장 나이가 어렸다.

그녀의 '곤경'을 알게 된 외할아버지는 딸을 돕기 위해 무엇이든 하려고 했었다. 딸의 가족을 모두 데리고 살려 했지만, 그 당시 외할아버지는 한동안 실직 상태였기 때문에 집에서 아이를 키우는 일은 커다란 경제적 부담이 되었을 테고 그 밖의 다른 문제들은 말할 것도 없었을 것이었다.

외할아버지의 친한 친구가 사우스캐롤라이나 딜런에 아는 의사가 있는데 '일을 처리'할 수 있을 거라고도 했다. 하지만 외할머니는 그건 말도 안 된다고 듣지 않았다.

앤은 1953년 12월의 몹시 추운 그날 밤에, 이리저리 낮게 깔린 구름이 빠르게 흘러가는 아무도 없는 길을 건너며, 성큼 다가온

한랭전선의 거센 바람 속에서 격렬하게 반짝이는 별들을 바라보았던 일을 말해주었다. 그녀는 혼자만의 시간을 갖고 싶었다. 오직 달과 별들하고만 있고 싶었고, 곧 태어날 아기(나)하고만 있고 싶었다.

"초승달이 서쪽에 낮게 걸려 있었어. 이제 막 하늘에 뜬 반짝이는 목성이 밤새도록 우리를 지켜보았어. 리처드는 과학과 천문학을 참 좋아했는데, 그날 밤 목성이 그때처럼 밝게 빛난 적이 거의 9년 동안 없었다고 나중에 말해주었지. 그 기간 우리 삶에선 많은 일이 일어났어. 아이를 둘이나 더 낳았고."

"그 당시엔 저 위에서 우리를 바라보고 있는 이 행성 중의 왕이 정말 밝고 아름답다는 생각만 했었어."

병원 로비에 들어서는데 그녀에게 멋진 생각이 스쳐 지나갔다. 일반적으로 소녀 산모들은 아기를 낳은 후 크리텐던의 집에서 2주간 머문 다음 각자의 집으로 가서 예전의 생활로 돌아간다. 만일 그날 밤 정말로 출산하게 되면 크리스마스에 맞춰서 아기와 함께 집에 갈 수 있지 않을까? 2주 후에 정말로 내보내준다면. 크리스마스 날에 아기를 집에 데려가다니, 얼마나 기적같이 놀라운 일인가.

"크로포드 박사가 조금 전에 다른 산모의 출산을 마친 후여서 엄청 피곤해 보였지." 앤이 내게 말했다. 그는 통증을 완화해주기 위해 그녀의 얼굴에 에테르를 적신 거즈를 올려놓았고, 그녀는 반쯤 의식이 있는 상태로 새벽 2시 42분에 마침내 마지막으로 크게 힘을 줘서 첫 아이를 낳았다.

앤은 어린 나에게, 얼마나 나를 안고 싶고 쓰다듬어주고 싶었는지, 그리고 나의 울음소리를 절대 잊지 않을 거라고 말해주고는 마취약과 피로를 못 이기고 잠이 들었다.

그러고 난 후 네 시간 동안 처음에는 화성이, 다음에는 토성이, 그다음에는 수성이, 마지막으로는 빛나는 금성이 동쪽 하늘에 떠올라 이 세상에 태어난 나를 반갑게 맞이해주었다. 그사이 앤은 몇 달 만에 그 어느 때보다도 더 깊이 잠들었다.

동트기 전에 간호사가 그녀를 깨웠다.

"아기를 보여주러 왔어요." 간호사가 명랑하게 말하며, 하늘색 포대기에 싸인 나를 건네주었다.

"모든 간호사가 신생아실의 아기 중에서 네가 가장 예쁜 아기라고 했어. 어찌나 자랑스러웠던지."

앤은 나를 키우고 싶은 마음이 간절할수록, 그럴 수 없는 냉정한 현실에 부딪혔다. 리처드는 대학 진학을 꿈꾸었지만, 그런 꿈들이 나를 먹여 살릴 수는 없었다. 어쩌면 내가 앤의 고통을 느꼈던 걸까. 나는 곧 먹는 것을 중단했다. 생후 11일이 되었을 때 나는 '발육 부진'이라는 진단을 받아 입원했고, 나의 첫 크리스마스와 그날 이후의 9일을 샬롯의 병원에서 보냈다.

내가 병원에 입원하고 난 후 앤은 버스로 두 시간 거리에 있는 북쪽 고향 마을로 돌아갔다. 지난 석 달 동안 보지 못했던 부모님, 자매들, 친구들과 크리스마스를 보냈다. 모두가 있었지만 나는 없었다.

내가 다시 먹을 수 있게 되었을 무렵, 나의 삶은 이미 별개로 떨어져 있었다. 앤은 자신이 상황에 대한 통제능력을 잃어가고 있다고 느꼈고 나와의 삶을 사람들이 허락하지 않을 것을 알았다. 새해가 되자마자 병원으로 전화한 앤은 내가 그린즈버러시에 있는 어린이입양협회에 보내졌다는 말을 들었다.

"도우미랑 같이 보냈다고요? 말도 안 돼요!" 그녀가 말했다.

이후 석 달 동안 나는 아이를 키울 수 없는 엄마들의 유아들이 있는 곳에서 지냈다. 협회에 기증된 빅토리아 시대풍의 남회색 건물 이층집에 내 침대가 놓여 있었다. "네가 처음 살게 된 곳치고는 최고의 집이었지." 앤은 웃으면서 말했다. "유아들만 사는 집이었지만 말이야." 그 이후 몇 달간 나를 데리고 살 방법을 필사적으로 찾아보면서, 앤은 버스로 세 시간 거리를 여섯 번 정도 더 찾아왔다. 한 번은 외할머니와 왔고 다른 한 번은 리처드와 왔다(간호사들은 그에게 유리창을 통해서만 나를 보게 했는데, 같은 방에 있지도 못하게 했고 안지도 못하게 했다).

하지만 1954년 3월 말이 되자, 그녀가 원하는 대로 될 수 없다는 사실이 확실해졌다. 나를 포기해야만 했다. 그녀는 외할머니와 함께 마지막으로 나를 보러 그린즈버러에 왔다.

"너를 안고 눈을 쳐다보면서 설명을 해줘야만 할 것 같았어." 앤이 내게 말했다. "내가 무슨 말을 하든 넌 그저 킥킥 웃거나 옹알거리며 입가엔 방울을 머금고 귀여운 아기 소리만 내리라는 건 알고 있었지만, 너에게 설명을 해줄 의무가 있다고 느꼈어. 마지막으로 꼭 안으면서 너의 귀, 가슴, 얼굴에 뽀뽀하고 부드럽게 쓰다듬어주었지. 막 목욕한 아기한테서 나는 그 사랑스러운 냄새를 아주 깊이 들이마셨던 게 마치 어제 일 같구나."

"너의 아기 때 이름을 부르면서 '너를 정말로 사랑한다. 내가 너를 얼마나 사랑하는지 너는 모를 거야. 내가 죽는 날까지, 영원히 너를 사랑할 거야'라고 말했어."

"그리고 또 이렇게 말했어. '하느님, 이 아이가 얼마나 사랑받고 있는지 알게 해주세요. 내가 자기를 영원히 사랑할 거라는 걸.' 하지만 내 기도가 응답받을지 어떨지는 알 수가 없었지. 1950년대 입양 방식은 한 번 이루어지면 그대로 끝이었고 비밀이 엄격하게 지켜졌어. 되돌릴 수도 없었고, 변명할 수도 없었어. 때로는 출생에 관한 진실을 알지 못하게 하려고 생일 기록을 수정할 때도 있었지. 흔적이 남지 않게. 합의서는 엄격한 주법을 통해 보호되었고. 그런 일이 있었다는 것을 아예 잊으면서 여생을 살아야 하는 게 원칙이었어. 그것에 대해 알아낼 수 있으리라는 희망도 품지 말아야 했지."

"마지막으로 한 번 더 키스한 후에 너를 조심스레 요람에 눕혔어. 하늘색 포대기로 꼭 덮어준 다음, 마지막으로 너의 푸른 눈을 들여다보았고, 내 손가락에 키스를 하고 그 손가락을 너의 이마에 댔어."

"'안녕, 리처드 마이클. 사랑해.' 이것이 너에게 한 마지막 말이었어. 적어도 지난 50여 년 동안은."

앤은 계속해서 말을 이었다. 그녀는 리처드와 결혼하고 아이들을 더 낳고 보니, 내가 어떻게 되었는지 알고 싶은 마음이 점점 더 간절해졌다. 리처드는 해군 비행사이자 항공기 조종사인 것 외에 변호사이기도 했기 때문에 앤은 그가 나의 입양 정보를 알아낼 수 있지 않을까 생각했다. 하지만 리처드는 1954년에 서약한 내용을 번복하기에는 너무 점잖은 사람이어서 그 일에 나서지 않았다. 1970년대 초 베트남 전쟁이 한창일 때, 앤은 머릿속에서 나의 생일 날짜가 계속 맴돌았다. 1972년 12월이면 내가 19세가 되었을 것이다. 아들이 참전했을까? 만일 그렇다면 지금쯤 어떻게 되었을까?

그 당시 나는 비행사로 해병대에 입대할 계획이었다. 내 시력은 0.2였는데, 공군에서 요구하는 기준은 안경으로 교정하지 않은 상태에서 1.0이었다. 항간에 떠도는 소문에 의하면 해병대에서는 시력이 0.2인 사람들도 뽑아서 비행교육을 한다고 했다. 그런데 그 무렵부터 베트남전에 쏟던 총력을 단계적으로 줄이는 상황이 되면서 결국 나는 입대하지 못했다. 그 대신 의과대학으로 방향을 틀렸다. 하지만 앤은 이런 사실을 모르고 있었다.

부모님은 1973년 봄 '하노이 힐턴' 감옥의 전쟁 포로들이 북베트남으로부터 귀국하는 비행기에서 내리는 장면을 보았다. 그들이 알고 있던 조종사들이 그중에 포함되어 있지 않은 것을 보면서 너무 가슴 아파했고, 실제로 리처드의 해군 동기들 절반 이상이 돌아오지 못했다. 그래서 앤은 나도 어쩌면 거기서 전사했을 수도 있다고 생각하게 되었다.

한 번 그런 상상이 들기 시작하니까 그때부터는 내가 베트남의 논밭에서 끔찍한 죽음을 맞이하게 되었으리라고 믿게 되었다. 내가 그 당시에 불과 몇 마일 떨어진 채플힐에 살고 있었다는 것을 알았다면 얼마나 놀랐을까!

2008년 여름에는 친부를 만났다. 그의 형제인 밥과, 역시 같은 이름을 가진 처남 밥을 사우스캐롤라이나 리치필드 비치에서 함께 만났다. 밥 삼촌은 한국전쟁에서 훈장을 받은 영웅이었고 차이나 레이크China Lake(캘리포니아 사막에 있는 해군무기실험센터로, 그곳에서 그는 사이드와인더 미사일 시스템을 개발하고 F-04 스타파이터를 비행했다)의 시험비행 조종사였다. 그동안 리처드의 처남 밥은 1957년에 오퍼레이션 선 런Operation Sun Run에서 최고 스피드 기록을 세웠다. 그것은 F-101 부두 제트기로 지구를 도는 릴레이 기록을 재는 대회였다.

이 무렵이 내겐 이산가족 만남 주간 같은 기분이었다.

친부모와의 만남을 통해서 나의 '알지 못하고 지냈던 시절'은 종식되었다. 마침내 알게 된 것은 그 시절이 내게 엄청난 고통이었던 것처럼, 그들에게도 그러했다는 사실이다.

그런데 오직 한 가지 상처만은 치유될 수 없었다. 10년 전인 1998년에 나의 친누이 베치(나의 입양 가족 여동생과 이름이 같은 데다가 둘 다 남편 이름이 로버트인데, 자세한 이야기는 생략하겠다)가 죽은 것이다. 모두가 그녀를 가슴이 따뜻한 사람으로 기억했다. 평소 대부분의 시간을 성폭력위기센터에서 일했고, 그렇지 않을 때는 길 잃은 유기견이나 고양이를 돌보았다고 한다. "천사가 따로 없었어." 앤은 그녀를 그렇게 얘기했다. 캐시가 나중에 베치 사진을 보내주겠다고 했다. 내가 그랬듯이 베치도 알코올 중독과 싸워야 했는데, 그녀의 얘기를 알게 되었을 때 중독에서 벗어나기 위해 힘들게 몸부림쳤던 기억이 떠오르면서 내 문제를 해결할 수 있었던 것이 얼마나 큰 행운이었는지 다시 한번 깨달았다. 베치를 만나 위로해주고픈 마음이 간절했다. '너의 상처는 치유될 수 있어, 모든 것이 잘 해결될 거야'라는 말을 해주고 싶었다.

왜냐하면 이상하게도, 나는 친가족을 만남으로써 인생에서 처음으로 모든 것이 사실상 *제대로* 돌아가고 있다고 느꼈기 때문이다. 나에겐 가족이 중요했고, 나는 이제 가족을 되찾았다. 처음으로 나는 자신의 뿌리를 아는 일이 어떻게 뜻하지 않게 한 사람의 삶을 깊이 치유할 수 있는지를 알게 되었다. 내가 어디에서 왔는지, 나의 생물학적 근원을 알게 됨으로써 나는 그전에는 결코 상상하지도 못했던, 나 자신의 어떤 새로운 측면들을 이해하고 받아들이게 되었다. 그들과 만남을 통해 마침내 나는 나에게 있는 줄도 몰랐던 어떤 끈질긴 의혹을 떨쳐버릴 수 있었다. 즉, 나의 친부모가 *누구였든지 간에* 내가 사랑받지 못했다는 그런 불안감이었다. 무의식중에 나는 내가 사랑받을, 또는 존재할 자격이 없다고 믿고 있었다. 그래서 내가 태어난 순간부터 사랑받았다는 사실을 알게 된 것은 상상 이상으로 아주 깊은 치유의 효과를 가져왔다. 전에는 결코 경험해보지 못했던, 내가 온전하다는 느낌이 들게 되었다.

하지만 이것이 나의 유일한 발견은 아니다. 이븐과 함께 차를 타고 가던 날 내가 답을 얻었다고 생각했던, '사랑의 하느님이 정말로 있는가'에 대한 의문은 여전히 나를 붙들고 있었고 마음속 대답은 여전히 '아니요'였다.

7일간 혼수상태로 지낸 후에 이 질문을 다시 검토하게 되었는데, 이번에도 전혀 예상치 못한 답을 발견했다.

12장　거대한 사랑을 보다

무언가가 나를 잡아당기는 듯했다. 누가 내 팔을 물리적으로 당긴다는 뜻이 아니라 좀 더 미묘한 느낌이었다. 태양이 갑자기 구름 뒤로 숨어버렸을 때 문득 기분이 달라지는 것 같은, 그런 느낌이었다고나 할까.

　나는 중심근원The Core에서 멀어져 다시 돌아오고 있었다. 중심근원의 잉크처럼 선명한 어둠은 관문Gateway의 싱싱하게 푸르고 눈부신 풍경 속으로 사라졌다. 아래로는 나무들, 반짝이는 개울 그리고 폭포와 어우러진 마을 사람들이 다시 보였고, 그 위로는 천사들이 활 모양으로 날고 있었다.

　나의 동반자도 그곳에 있었다. 내가 중심근원을 여행하는 동안에도 그녀는 빛나는 구체의 형태로 내내 그곳에 있었다. 하지만 지금은 다시 인간의 형태로 모습을 바꾸어 그때 보았던 아름다운 옷차림을 하고 있었다. 그녀를 다시 보자 나는 거대한 낯선 도시에서 길을 잃은 아이가 갑자기 낯익은 얼굴과 마주친 것 같은 기분이 들었다. 얼마나 기뻤던지! "우리는 당신에게 많은 것을 보여줄 거예요. 그렇지만 당신은 다시 돌아가게 될 거예요." 중심근원의 칠흑 같은 암흑의 입구에서 내게 말없이 전달되었던 그 메시지가 다시 나에게 들어왔다. 어디로 '돌아간다'는 말인지 이번에는 이해할 수 있었다.

즉, 이 긴 모험의 여정이 시작되었던 지렁이 시야의 세계로 돌아간다는 뜻이었다.

그러나 이번에는 달랐다. 어둠 속을 향해 가면서도 나는 그 너머에 무엇이 놓여 있는지 충분히 알고 있었기 때문에, 처음에 그곳에서 느꼈던 두려움 따위는 더는 겪지 않았다. 관문에서 흘러나오는 거룩한 음악이 점점 희미해지고 그 낮은 세계의 맥박 같은 고동 소리가 다시 들려도, 마치 예전에는 겁을 먹었지만 이제는 어른이 되어 더는 두려워하지 않게 된 사람처럼 편하게 받아들일 수 있었다. 어두컴컴한 곳에서, 거품처럼 솟아올랐다가 스러지는 얼굴들, 저 위에서 뻗어 내려오는 동맥처럼 생긴 뿌리들이 이젠 공포로 다가오지 않았다. 왜냐하면, 나는 내가 이곳에 속한 사람이 아니라, 단지 방문객일 뿐이라는 것을 이해했기 때문이다. 그 당시에 말이 없이도 다른 모든 것을 이해할 수 있었듯이.

하지만 내가 *왜* 이곳에 다시 온 것일까?

저 위의 황홀한 세상에서 그랬던 것처럼, 즉각적이고 비언어적인 방식으로 답이 주어졌다. 이 전체 여정이 일종의 투어였다는 생각이 떠올랐다. 보이지 않는, 영적인 세계에 대한 광범위한 둘러보기였다. 잘 짜인 관광여행처럼 모든 계층과 모든 차원에 대한 탐험이 포함되어 있었다.

아래의 낮은 세계로 돌아온 후에도, 지상에서 알았던 시간관념을 넘어선 예측할 수 없는 시간의 변덕스러운 양상은 계속되었다. 이것이 어떻게 느껴지는지에 대해 조금, 아주 조금만이라도 이해하고자 한다면, 꿈속에서 시간이 어떻게 펼쳐지는지에 대해 잘 생각해보라. 꿈속에서는 '전'과 '후'의 의미가 객관적으로 선명하지 않다. 꿈의 한 시점에 있는 당신은 앞으로 무엇이 다가올지 아직 경험하지 않은 상태인데도 그것을 알 수 있다. 그곳에서 내가 경험한 '시간'도 그랬다. 하지만 우리가 지상에서 꾸는 꿈들이 뒤죽박죽인 것과는 전혀 달랐다. 적어도 내 여정의 초기 단계에서, 지하세계에 있었을 때를 제외하고는.

이번에는 얼마나 오랫동안 머물렀던가? 정말 알 수 없다. 측정할 방법이 없다. 하지만 확실히 아는 게 있다면, 아래의 세계로 돌아온 후에 내가 나의 여정을 스스로 통제할 수 있다는 사실을, 즉 내가 덫에 걸려 있는 게 아니라는 걸 알아차리기까지는 긴 시간이 걸렸다는 점이다. 아주 집중해서 노력한 끝에, 나는 다시 높은 차원으로 올라갈 수 있게 되었다. 음침한 심연에 빠져 있던 어느 특정 시점에서, 나는 회전하는 멜로디가 다시 듣고 싶어졌다. 처음에 한동안 음을 기억해내려고 애를 썼더니, 그때의 화려한 음악과 그 음악을 내뿜던 회전하는 빛의 구체가 내 의식 안에서 펼쳐졌다. 빛과 음악이 이 불쾌한 진흙덩이를 뚫어 길을 내주면서 나는 다시 상승하기 시작했다.

저 너머의 세계에서는 무언가를 알고 그것을 생각하는 것만으로도 그것에 이르게 된다는 사실을 나는 서서히 발견하게 되었다. 회전하는 멜로디를 생각하는 행위 자체가 곧 그것을 나타나게 했고, 보다 높은 차원의 세상을 염원하는 마음 자체가 곧 나를 그곳에 있게 만들어주었다. 저세상에 점점 친숙해질수록 그곳으로 다시 돌아가기도 더욱 쉬워졌다.

내 육체에서 벗어나 있던 동안에 나는 지렁이 시야의 세계에 속한 진창같이 어두운 지역에서부터, 푸르게 빛나는 관문을 지나, 중심근원의 신성한 어둠에까지 이르기를 여러 번 왔다 갔다 했다. 몇 번을 그랬는지는 정확히 말할 수 없다. 다시 한번 말하지만, 그곳의 시간을 우리의 시간개념으로는 도저히 설명할 수 없기 때문이다. 그러나 매번 중심근원에 도달할 때마다, 나는 이전보다 더 깊이 들어갔고, 말로 하는 것은 아니었지만 말 이상으로 효과적인 그런 의사소통 방식으로 더 많은 것을 배울 수 있었다.

그렇다고 해서 내가 지렁이 시야의 세계에서 중심근원에 이르기까지의 여정에, 또는 그 이후의 여정에서 온 우주를 다 보았다

는 뜻은 아니다. 사실은, 중심근원에 이를 때마다 나는 존재하는
모든 것을 이해하는 것이 얼마나 불가능한지를 깨달았다. 존재들
의 물리적·가시적 측면이든 또는 (이보다 훨씬 더 드넓은) 영적·비
가시적 측면이든 간에. 과거와 현재에 존재하는 수많은 다른 우주
들은 말할 것도 없었다.

하지만 이 모든 것은 중요하지 않았다. 나는 결국 궁극적으로
정말로 중요한 것, 유일하게 중요한 것에 대해 배웠기 때문이다.
내가 처음으로 관문에 들어섰을 때, 나비 날개 위에 있는 나의 사
랑스러운 안내자로부터 이미 그것을 전해들은 바 있다. 세 가지로
되어 있었는데 한 번 더 말로 표현하자면(물론 말로 된 언어가 아니었
다) 대략 다음과 같았다.

"그대는 사랑받고 있고 소중히 여겨지고 있습니다."

"그대는 두려워할 것이 아무것도 없습니다."

"그대가 저지를 수 있는 잘못은 없습니다."

전체 메시지를 하나의 문장으로 표현하면,

"그대는 사랑받고 있습니다."

더 나아가 딱 한 마디로 요약할 경우 오직,

'*사랑*'이다.

의심의 여지 없이 사랑은 모든 것의 근본이다. 이해하기 힘든
어떤 추상적인 사랑이 아니라 모두가 알고 있는 날마다의 사랑,
배우자와 자녀들을 볼 때 또는 애완동물을 볼 때 느끼는 사랑의

감정을 말한다. 사랑이 가장 순수하고 가장 강력한 형태일 때 그것은 질투하거나 이기적이지 않은 *조건 없는* 사랑이다. 이것이야말로 사실 중의 사실이며, 살아 있는 모든 것의 본질 속에서 살아숨 쉬는 진실 중의 진실이다. 이것을 알지 못하고 삶 속에서 체화하지 못한 사람이라면 그 누구도 자신이 누구이며 무엇인지를 결코 제대로 이해할 수 없다.

여러분은 이런 통찰이 썩 과학적이지 않다고 하겠지만 나의 생각은 좀 다르다. 나는 그 자리에서 돌아왔기에, 그 무엇도 내가 다음의 사실을 믿지 못하게 하지는 못할 것이다. 즉, 사랑은 세상에서 유일하게 중요한 감정일 뿐만 아니라, 또한 유일하게 중요한 최고의 *과학적* 진실이기도 하다는 것을 말이다.

사람들에게 나의 경험을 들려주고, 임사체험을 해보았거나 연구하는 사람들을 만난 지도 이제 여러 해가 되었다. 이런 사람들 사이에서는 *조건 없는 사랑*이라는 표현이 상당히 많이 회자되는 것을 볼 수 있다. 우리 중에 그 의미를 정말로 아는 사람이 얼마나 있을까?

나는 물론 이런 표현이 왜 이렇게 자주 나타나는지 알고 있다. 왜냐하면 내가 경험한 것을 경험한 사람들이 아주 많기 때문이다. 그런데 이들도 나처럼 다시 지상의 차원으로 돌아오면 어쩔 수 없이 언어를 사용할 수밖에 없고, 언어를 완전히 넘어서 있는 경험과 통찰이더라도 이것을 전달하기 위해서 다시 단어에 의존해야 한다. 말하자면 이것은 마치 절반의 알파벳만으로 소설을 써야 하는 상황이라고도 할 수 있다.

대부분의 임사체험자들이 극복해야 할 주요 장애물은 이 세상의 제한된 틀 속에 다시 적응하는 어려움이 아니라, 물론 이 자체도 어려운 일일 수 있지만, 그들이 거기서 경험한 사랑이 *실제로 어떻게 느껴지는 것인지*를 전달하는 일의 어려움이다.

마음 깊은 곳에서 우리는 이미 알고 있다.《오즈의 마법사》의 도로시가 언제나 집으로 돌아올 능력이 있었던 것처럼 우리에게도 본래의 목가적 영역과의 연결을 회복할 능력이 있지만 다만 이 사실을 잊고 지낼 뿐이다. 왜냐하면 뇌에 기반하는 우리의 물질적 삶에서는, 마치 아침마다 태양의 눈부신 빛이 우리의 시야를 가려서 별들이 더는 보이지 않듯이, 우리의 뇌가 이 광활한 우주적 배경을 베일로 덮어 보지 못하게 하기 때문이다. 별들로 수놓인 밤하늘을 본 적이 없다면 우리의 세계관이 얼마나 제한되어 있을지 상상해보라.

우리는 뇌의 필터가 허용하는 것만을 볼 수 있다. 우리의 뇌는, 특히 언어·논리를 관장하는 좌뇌는 합리성에 대한 감각과 개인 또는 자아라는 인식을 발생시키는데, 이것이 바로 우리가 더 높은 차원을 알고 경험하는 것을 방해하는 장애물이다.

나는 우리의 삶이 지금 매우 중요한 시점에 와 있다고 생각한다. 우리는 우리의 뇌(분석적 좌뇌를 포함해서)가 온전히 작동하고 있는 동안에, 지상에 살아 있는 동안에, 높은 차원의 앎을 더 많이 회복해야 한다. 내가 평생을 바쳐 연구한 과학과, 내가 저 너머에서 배운 것은 서로 모순되지 않는다. 하지만 아직 너무나 많은 사람이 이 둘이 모순된다고 믿고 있다. 유물론적 세계관에 고착된 과학계의 일부 구성원들은 과학과 영성이 양립될 수 없다고 고집스럽게 주장하고 있다.

그들은 잘못 알고 있다. 고대로부터 전해져온 이 기본적인 궁극의 진실을 더욱 널리 알리기 위해 나는 이 책을 쓰기로 했다. 그래서 내 이야기의 다른 양상들, 즉 내가 어떻게 해서 병이 났으며, 혼수상태에서 어떻게 다른 차원의 의식을 갖게 되었고, 그리고 어떻게 이토록 완전히 회복될 수 있었는지 등은 순전히 부차적 사실들이다.

내 여정을 통해 체험한 조건 없는 사랑과 수용은 결단코 내가 할 수 있는 최고로 유일하게 중요한 발견이며, 그곳에서 배운 다른 교훈들의 보따리를 풀어내기 위해서도 가장 핵심적인 내용이다. 나는 또한 이 근간이 되는 메시지를, 너무 간명해서 대부분의 아이는 이미 선뜻 받아들이는 이 메시지를, 사람들과 함께 나누는 일이야말로 내 삶의 가장 중요한 과제임을 가슴으로 느끼고 있다.

13장 아무것도 기대할 수 없는 수요일

이틀 동안 '수요일'은 모두가 기다리는 날이 되었다. 의사들이 나의 생존 가능성을 염두에 두며 수요일을 언급했기 때문이다. "수요일에는 증상이 좀 나아지기를 기대합니다"라고. 그리고 이제 수요일이 되었으나 내 상태는 호전될 기미조차 보이지 않고 있었다.

"아빠는 언제 볼 수 있어?"

월요일에 내가 혼수상태에 빠진 이후로 본드는 주기적으로 이렇게 물었다. 아빠가 병원에 입원한 열 살짜리 아이에겐 자연스러운 질문이었다. 홀리는 이틀 동안은 용케 잘 받아넘겼지만, 수요일 아침이 되자 아이가 알아야 할 때가 되었다고 생각했다.

월요일 저녁에 홀리가 본드에게 아빠가 '아파서' 병원에서 아직 집으로 오지 못했다고 말했을 때, 열 살 먹은 본드는 아프다는 단어에 대해서 자기가 지금껏 이해했던 바를 떠올렸다. 기침, 목이 아프다, 어쩌면 머리가 아프다. 본드는 월요일 아침에 목격한 상황을 통해서 두통이 실제로 얼마나 고통스러울 수 있는 것인지를 훨씬 더 많이 이해하게 된 것만은 확실했다. 그렇지만 홀리가 수요일 오후에 마침내 병원에 데려왔을 때만 해도 본드가 기대했던 것은 실제로 병원 침대에 누인 내 모습과는 많이 다른 모습의 아빠가 맞이해주는 것이었다.

본드의 눈에는 아빠와 겨우 비슷해 보이는 어떤 사람의 형체가 있었다. 우리는 보통 어떤 사람이 자는 모습을 볼 때도, 그 몸속에서 그 사람이 살아 있다는 느낌을 받는다. 즉, 누군가의 현존이 느껴지는 것이다. 하지만 대부분의 의사는 어떤 사람이 혼수상태에 빠져 있으면 이와 다르다고 말할 것이다(비록 그 정확한 원인을 말할 순 없을지라도). 혼수상태에 빠진 사람의 경우엔, 분명히 몸은 그곳에 있는데 이상하게 사람이 사라진 것 같은 느낌이 들기 때문이다. 왠지 모르게 그 존재의 본질이 어딘가 다른 곳에 가 있는 것만 같다.

갓 태어난 동생을 안아보려고 이븐이 분만실로 달려갔던 이래로, 이븐과 본드는 언제나 친하게 지냈다. 내가 혼수상태에 빠진 지 사흘째 되는 날 병원에서 본드를 본 이븐은 어린 동생을 위해 최대한 상황을 긍정적으로 설명해주었다. 그 역시 아직 소년이었던지라, 본드가 좋아할 만한 시나리오를 생각해낼 수 있었다. 바로 전투상황이라는 시나리오였다.

"지금 일어나고 있는 전투를 그림으로 그려서 아빠가 좀 나아질 때 보여드리자." 그가 본드에게 말했다.

그래서 둘은 병원 구내식당 테이블에서 커다란 오렌지색 종이를 펼쳐놓고 혼수상태인 내 몸 안에서 어떤 일이 일어나고 있는지를 그림으로 그리기 시작했다. 망토를 두르고 검으로 무장한 백혈구들이 포위당한 뇌의 영토를 방어하는 모습을 그렸다. 그리고 역시 그들만의 검을 차고 약간 다른 전투복을 입고 있는 침략자, 대장균을 그렸다. 육탄전을 치르는 모습과 양편에서 시체들이 나뒹굴고 있는 모습도 보였다.

그것은 그런대로 충분히 정확한 묘사였다. 하지만 내 몸 안에서 실제로 더 복잡하게 진행되는 상황을 단순화했다는 사실을 고려하더라도, 전투가 치러지는 양상만은 정확하지 않았다. 이븐과 본드의 서사에서는 전투가 정점에 다다라 최고조에 이르고 있었고 양편이 싸웠을 때 어떤 결과가 나올지 불확실한 상태였다(물론 종국에는 백혈구가 이기게 될 예정이었지만). 그러나 이븐은 알고 있었다. 색색의 마커들이 흩어져 있는 테이블에서, 이 상황에 대해 아주 천진난만한 관점으로 본드와 앉아서 놀이하고는 있지만 실은 전투가 더는 정점에 다다르지도, 전투 결과가 불확실한 것도 아니라는 것을 알고 있었다.

그는 어느 편이 이기고 있는지 잘 알고 있었다.

14장   아주 특별한 임사체험

인간의 진정한 가치는 일차적으로
그가 자아로부터 해방된 정도에 의해서 규정된다.

알베르트 아인슈타인

내가 지렁이 시야의 세계에 머물 때 내 의식에 진정한 중심주체가 있었다고 할 수는 없다. 내가 누구인지, 무엇인지도 몰랐고 내가 정말로 있는지조차 알지 못했으니까. 나는 그저… _거기에_ 있었다. 시작도 없고 끝도 없는 것 같은, 텁텁하고 어두운, 아무것도 없는 진창 한가운데에 기괴한 자각으로 있을 뿐이었다.

하지만 지금은 알 수 있다. 내가 신성의 일부이며 그 무엇도, 결단코 그 무엇도 이 사실을 부정할 수 없음을 이해한다. 우리가 신으로부터 분리될 수 있다는 (거짓) 의혹은 이 세상 모든 종류의 불안 심리의 근본원인이며, 이에 대한 치유는 (나는 관문에서 부분적으로, 그리고 중심근원에서 완전히 치유되었는데) 그 무엇도 우리를 신으로부터 떼어낼 수 없다는 앎을 통해 이루어진다. 이 앎은 내가 배운 그 어떤 것보다도 더 중요한 최고의 지식인데, 그 덕분에 나는 지렁이 시야의 세계에 대한 공포가 사라졌고 그 세계를 있는 그대로 볼 수 있게 되었다. 그 세계는 전적으로 유쾌하지는 않았지만 우주의 필요한 부분임에는 틀림이 없었다.

내가 다녀온 세계들을 여행한 나 같은 사람들이 또 많이 있었는데, 이상하게도 그들 대부분은 지상의 육체를 벗어난 상태에서도 자신의 정체성을 기억하고 있었다. 그래서 자기가 존 스미스라거나 조지 존슨 혹은 사라 브라운이라는 것을 알고 있었다. 즉, 자기가 지구에 살았었다는 사실을 결코 잊는 법이 없었다. 지구에서 아직 살아 있는 가족들이 여전히 자기가 돌아오기를 기다리고 희망하고 있다는 것도 알고 있었다. 게다가 많은 경우에 그들은 이미 사망한 친구나 가족들을 만났고 그들을 즉시 알아볼 수도 있었다.

많은 수의 임사체험자들은 인생을 되돌아보는 라이프 리뷰를 통해 자신이 여러 사람과 맺은 관계들, 자신이 했던 선행과 악행을 돌아봤다고 보고하고 있다.

나에게는 이런 경험들이 전혀 없었다는 점에서 나의 임사체험은 매우 특이하고 흔치 않은 측면이 있다. 나는 나의 체험을 통틀어서 내가 누구인지에 대한 생각이 전혀 없었다는 점에서, 지상에서의 자기를 기억하는 기존의 전형적인 임사체험의 양상이 완전히 결여되어 있었다.

임사체험의 그 시점에서 여전히 내가 누구인지, 어디서 왔는지를 전혀 몰랐다고 하면 다소 당혹스럽게 들릴 것이다. 그렇게 놀라울 정도로 정교하고 아름다운 것들을 발견하면서, 내 옆에 있는 그 여인을 보면서, 꽃피는 나무들과 폭포와 마을 사람들을 보면서, 어떻게 내가 이븐 알렉산더이고 이 모든 것의 경험자라는 것을 모를 수 있단 말인가? 거기서 내가 했던 모든 일은 다 이해하면서 어떻게 지상에서 의사이고 남편이고 아버지였다는 사실을 인식하지 못할 수 있단 말인가? 처음에 관문으로 들어섰을 때 본 나무와 강과 구름을 생전 처음으로 본 것도 아니었으면서, 어떻게 어릴 때 자란 노스캐롤라이나 윈스턴세일럼이라는 지역에서 이런 것들을 충만하게 경험한 사람으로서의 기억이 없을 수 있단 말인가?

이에 대한 최선의 답은, 내가 부분적이지만 유익한 기억상실증에 걸려 있는 사람과 비슷한 처지였다는 것이다. 즉 *자신의 주요한 측면들은 망각했지만, 아주 잠깐이라도, 이 망각을 통해서 덕을 보는 그런 사람의 처지*였다는 것이다.

지상에서 누구였는지 기억하지 못한 덕분에 나는 무엇을 얻었는가? 그 덕분에 나는 세상에 남아 있는 이들을 걱정하지 않으면서 저 너머의 영역들로 깊숙이 나아갈 수 있었다. 그 세계들을 여행하는 내내 나는 아무것도 잃을 것이 없는 영혼이었다. 그리워할 장소도 없었고, 슬퍼할 사람도 없었다. 어디에서도 오지 않은 자였고 아무런 기억도 없었기에 주어진 상황들을 차분하게 받아들일 수 있었다. 처음에 갔던 지렁이 시야 세계의 어두운 진탕까지도.

내가 한정된 목숨을 지닌 인간이라는 사실을 너무도 철저히 망각했기 때문에 나는 나 자신의(우리 모두의) 진정한 우주적 본성에 무한히 접근할 수 있었던 것이다. 어떻게 보면 자신의 일부분은 기억하면서 다른 부분은 완전히 잊고 있는 꿈속의 상태와 유사했다. 하지만 이는 부분적인 유추에 불과하다. 왜냐하면 계속해서 강조하지만, 관문과 중심근원은 전혀 꿈 같지 않고 '완전히 실제ultra-real'였으며, 환상과는 전혀 거리가 멀었다. 내가 만일 기억을 떼어냈다는 표현을 사용한다면, 지렁이 시야의 세계와 관문과 중심근원에 있었던 동안에 지상과 관련된 기억들을 의도적으로 잃었다는 의미로 들릴 수도 있을 것이다. 그런데 지금 생각해보니 그 말이 맞는 것 같기도 하다. 아주 단순화해서 말한다면, 나는 대다수 다른 임사체험자들보다 더 확실하게 죽은 상태가 됨으로써 더 깊숙한 곳까지 여행할 수 있었던 것이다.

나의 말이 오만하게 들릴지 모르겠지만 나는 그런 의도가 아니다. 임사체험에 관한 기존의 풍부한 자료들 덕분에 내가 겪은 혼수상태에서의 여정을 이해하는 데 결정적인 도움을 받았다. 내가 왜 그런 경험을 했는지 안다고 말할 순 없지만, 다른 임사체험 보고서들을 읽음으로써 지금 내가 알고 있는 것은(그 후로 3년이 지났다), 고차원 세계로의 나아감은 점진적인 경향을 띠며 자신이 가지고 있는 집착이 무엇이든 그것을 놓아버려야만 더 높은 또는 더 깊은 차원의 세계로 나아갈 수 있다는 사실이다.

나에겐 이것이 문제가 되지 않았다. 왜냐하면 내가 경험하는 동안 내내 나에게는 지상의 어떤 기억도 없었고, 내가 느낀 유일한 심적 고통은 다시 지상으로 돌아가야 할 시점이 되어서야 발생했기 때문이다.

15장

뇌가 그것을 방해한다

우리는 자유의지를 믿어야 한다.
달리 선택의 여지가 없다.

_아이작 B. 싱어

오늘날 대부분의 과학자는 인간 의식을 디지털 정보 즉, 컴퓨터에서 사용되는 것과 본질적으로 동일한 데이터로 구성되어 있다고 보는 관점이 지배적이다. 이 데이터 중에서 특정 비트bit들, 예컨대 황홀한 일몰을 보거나 처음으로 멋진 심포니를 감상하거나 아니면 사랑에 빠지는 일과 같은 비트들이, 뇌에서 만들어지고 저장된 다른 수많은 비트보다 더 심오하고 특별하게 느껴질 수는 있어도, 그것들 모두는 환상일 뿐이다. 모든 비트는 사실상 질적으로 동일하다. 우리의 뇌는 감각기관을 통해서 들어오는 정보들을 화려한 무늬의 디지털 직물로 변형시켜 외부 현실을 모형화한다. 하지만 우리의 지각은 모형일 뿐이지 현실 그 자체는 아니다. 환상이라는 뜻이다.

물론 나 역시도 이런 관점을 갖고 있었다. 의대 시절에, 의식은 그저 매우 복합적인 컴퓨터 프로그램에 불과하다는 식의 주장들을 종종 들었던 기억이 난다. 이들 주장에 따르면 우리 뇌에서 끊임없이 켜지는 10조 개가 넘는 뉴런들이 평생 쓸 수 있는 의식과 기억을 만들어낸다.

그런데 우리가 더 높은 세계의 앎에 접속하는 것을 뇌가 실제로 어떻게 방해하는지를 이해하기 위해서는, 뇌 자체가 의식능력을 생성하는 것이 아님을 잠정적인 가설로서나마 받아들일 필요가 있다. 즉 뇌는 일종의 밸브 또는 필터로서, 우리가 영적인 세계에서 지니는 보다 광대한 비물질적 의식을 지상의 삶에 적합하게끔 제한된 능력으로 축약하는 역할을 한다. 이것은 지구적 차원에서 볼 때 아주 명백한 이점이 있다.

우리의 뇌가 주변의 물리적 환경으로부터 빗발치는 감각적 정보들을 어느 정도 걸러내고 실제로 필요한 재료만을 선별하기 위해 삶의 매 순간 열심히 일하는 덕분에, 우리는 자신의 초지구적 정체성을 망각할 수 있으며 결과적으로 '지금 여기'에서 더 효율적으로 살아갈 수 있는 것이다. 일상생활에서도 만일 우리가 한꺼번에 다 수용할 수 없을 만큼 너무 많은 정보를 쥐고 있으면 일을 제대로 해내지 못하듯이, '지금 여기'를 넘어선 세계들에 대해 과도하게 의식한다면 우리의 발전은 저해될 것이다.

지금 영적인 세계에 대해 너무 많이 알게 된다면 지상에서의 삶을 살아가는 일이 지금도 이미 어려운데 더욱더 어려워지기만 할 것이다. (그렇다고 지금 그 세계들을 의식해서는 안 된다는 뜻은 아니다. 단지 그 세계들의 장엄함과 방대함을 과도하게 의식할 경우 지구상에서 살아가는 일을 제대로 하지 못할 수도 있다는 뜻이다.) 지금의 나는 우주에 목적이 있다는 것을 믿게 되었다. 목표 중심적인 관점에서 생각해 봤을 때 우리가 만일 지구에 살고 있으면서도 저 세상에서 우리를 기다리는 찬란한 아름다움들을 다 기억하고 있다면, 세상의 온갖 악과 부정 앞에서 자유의지로써 올바른 결정을 내리는 행위는 상대적으로 무의미해질 것이다.

나는 왜 이런 것들을 확신하게 되었을까? 두 가지 이유가 있다. 첫째는 내가 관문과 중심근원에 있었을 때 가르침을 준 존재들이 나에게 이것을 보여주었기 때문이고, 둘째는 내가 그것을 실제로 경험했기 때문이다. 육체를 벗어났을 때 나는 내 이해능력을 훨씬 넘어선 우주의 본성과 그 구조에 대한 정보를 받았다. 어떻게든 그것이 가능했던 주된 원인은, 내 안에서 세상적인 관심이 치워져 그런 정보를 수용할 수 있는 여분의 공간이 있었기 때문이다. 지금은 다시 지상으로 돌아와 있어 나의 정체성에 대한 기억이 그러한 초지구적 앎의 씨앗을 다시 덮어버린 상태이다. 하지만 그것은 아직도 내 안에 있고 나는 매 순간 늘 그것을 느낄 수 있다. 결실을 보기까지는 지구적 환경에서 수년이 걸릴 것이다. 내가 뇌로부터 자유로운 저 세상에서 그토록 즉각적이고 쉽게 이해할 수 있었던 것을 수명이 한정된 나의 물질적 뇌를 사용해서 이해하려면 여러 해가 걸리리라는 뜻이다. 하지만 열심히 노력하면 그 앎의 대부분이 계속해서 펼쳐질 것을 믿는다.

이 시대의 과학이 우주에 대해 이해하고 있는 내용과 내가 실제로 보았던 진실 사이에 간격이 있다고 말한다면, 이것은 아주 절제된 표현일 뿐이다. 나는 여전히 물리학과 우주론을 무척 좋아하고, 우리의 광대하고 아름다운 우주를 연구하는 일을 진실로 사랑한다. 하지만 지금은 '광대함'과 '아름다움'이 정말로 의미하는 바에 대한 이해의 정도가 훨씬 더 커졌다. 보이지 않는 영적인 측면과 비교했을 때 우주의 물리적 측면은 그저 먼지입자에 불과하다. 예전의 나에게는 영적인spiritual이라는 단어가 과학 분야에서 토론할 때 사용할 법한 용어는 아니었다. 하지만 지금은 결코 배제되어서는 안 되는 단어라고 믿고 있다.

중심근원에 있었을 때는 소위 '암흑에너지'나 '암흑물질'처럼, 앞으로 여러 세대가 지나도 쉽게 이해되지 않을 그런 어려운 우주의 구성요소들도 명백히 이해되었다.

그렇다고 내가 당신에게 이것들을 설명할 수 있다는 뜻은 아니다. 역설적이지만, 나 자신도 이런 것들에 대해서 아직 배우고 있는 과정에 있기 때문이다. 내 경험을 가장 잘 표현하자면, 내가 보다 넓은 또 다른 종류의 앎을 미리 맛보았다고 말하는 것이 맞을 것이다. 앞으로 미래에는 더 많은 사람이 이런 앎에 도달하게 될 것이다. 하지만 이 앎을 지금 전해주는 일은, 마치 침팬지가 하루

동안 인간이 되는 경험을 한 후에, 다시 침팬지들에게로 돌아가서 여러 로맨스어들과(라틴어에서 분화하여 이루어진 프랑스어, 이탈리아어, 스페인어 등), 미적분학 그리고 무한한 규모의 우주를 알게 된 느낌을 전해주려고 노력하는 일과 같다.

그곳에 있을 때는 하나의 질문이 떠오르면 마치 바로 옆에서 꽃이 움트듯이, 그 답도 동시에 떠올랐다. 우주의 그 어떤 물리적 입자도 다른 입자와 정말로 분리되어 있지 않듯이, 이와 마찬가지로 모든 질문에는 그것을 동반하는 답이 있는 듯했다. 답들은 단순한 '예' 또는 '아니요'가 아니었다. 답들은 거대한 개념적 구축물이었고, 도시처럼 복잡하게 얽히고설킨, 살아 있는 생각들의 엄청난 구조물들이었다. 내가 지구상의 사고체계에 제한되어 있었더라면 수많은 생애를 거쳐야만 겨우 이해했을 법한 그런 광범위한 개념들이었다. 그런데 나는 번데기에서 껍데기를 깨고 나온 나비처럼 이미 지구적 사고방식을 벗어버린 상태였다.

어마어마하게 검은 우주적 공간에서 지구는 희미한 푸른 점처럼 보였다. 지구는 선과 악이 함께 공존한다는 점이 독특한 특징이었다. 지구에서도 악보다는 선이 훨씬 더 많지만, 지구는 악이 세력을 펼칠 수 있도록 허용이 된 곳이다. 보다 높은 존재 차원에서는 절대 가능하지 않은 방식이다. 악이 때로는 득세한다는 것을 창조주는 알고 있는데, 이는 우리에게 자유의지라는 선물을 주기 위해 필요한 조치로서 허용된 것이다.

악의 작은 입자들이 우주 속에 뿌려지긴 했지만, 그것의 총량은 광대한 해변의 모래알 하나에 불과하다. 우주에는 선함, 풍요로움, 희망, 조건 없는 사랑이 문자 그대로 넘쳐나고 있다. 우주의 기본구조 자체가 사랑과 수용이기 때문에 이런 특성을 보이지 않은 것은 무엇이든 그 즉시 그곳에서 겉돌 수밖에 없다.

하지만 자유의지는 이러한 사랑과 수용을 상실하는 대가로 등장한다. 우리는 자유로운 존재들이다. 하지만 자유롭지 못하다고 느끼게 하려고 모든 것이 공모하는 그런 환경에 완전히 둘러싸여 있다. 자유의지는 우리가 지구상에서 수행하는 역할에 있어서 가장 중요한 기능이다. 그런데 언젠가 우리 모두 발견하게 되겠지만 이 기능은 더 중요한 역할, 즉 시간이 없는 다른 차원으로 우리가 상승할 수 있게 한다. 보이는 우주 및 보이지 않는 우주들에 있는 다른 세계들, 다른 생명과 비교했을 때, 지상에서의 우리 삶은 의미 없어 보일 수 있다. 하지만 우리의 삶은 매우 중요하다. 여기서 우리의 역할은 신성을 향해 성장해가는 일이다. 저 너머에 있는 존재들, 즉 영혼들과 빛을 내는 구체들(내가 관문에서 보았던 아주 높은 곳에 있던 존재들, 이들로부터 우리의 천사 개념이 유래했다고 믿는다)은 우리의 성장을 면밀히 관찰하고 있다.

육체와 뇌는 지구의 필요에 의해 진화한 지구의 생산물이고, 우리는 이러한 유한한 육체와 뇌 속에 거주하는 영적인 존재들이다. 실제로 선택을 하는 주체는 이런 영적인 존재로서의 우리다. 참다운 생각은 두뇌의 소관이 아니다. 하지만 우리가 하는 모든 생각과 우리의 정체성을 두뇌와 연관 지어서 바라보도록 너무나 훈련돼 있다 보니(이것조차 두뇌에 의해 그렇게 된 셈인데) 우리가 물질적인 뇌와 육체의 요청대로 살아가야만 하는 존재가 결코 아니고 사실은 언제 어느 때고 그것을 넘어서 있는, 그 이상의 존재라는 사실을 자각하는 능력을 상실해버렸다.

참다운 생각은 물질적으로 이루어지는 것이 아니라 물질 이전의pre-physical 것이다. 이러한 '생각 이전의 생각'이 바로 우리가 세상에서 하는, 모든 진정으로 중대한 선택들의 근원이다. 이런 생각은 선형적 추론에 의존하지 않으며, 빛처럼 빠르게 여러 상이한 수준들을 연결해 하나로 만들어준다. 이렇게 자유자재로 움직이는 내면의 지성과 비교했을 때 우리의 정상적인 생각이라는 것은 너무나 느리고 어설프다. 엔드 존에서 축구공을 낚아채고, 위대한 과학적 발견을 하고, 영감 어린 노래를 작곡하는 것은 바로 이런 참다운 생각이 하는 것이다. 무의식중에 이루어지는 이 생각은 우리가 정말로 필요로 할 때 항상 거기에 있는데도, 우리는 이 생각을 믿지 못하고 이것에 접근하지 못할 때가 너무 많다. 말할 필요도 없지만, 적의 낙하산이 내 밑에서 갑자기 펼쳐졌던 그날 저녁에 그 즉시 적절한 행동이 튀어나오게 한 것도 바로 이 생각이었다.

두뇌의 바깥에서 생각을 체험한다는 것은 즉각적인 접속의 세계로 들어서는 일이다 보니, 이럴 때면 정상적인 생각들, 즉 물질적 뇌와 빛의 속도에 의해 제한된 생각들이 그저 가망 없이 잠자고 있는, 느릿느릿한 사건으로 답답하게만 느껴진다. 우리의 진정한 내면의 자아는 완전히 자유롭다. 그 자아는 과거에 행한 일들 때문에 위축되거나 체면이 손상되는 일이 없으며, 신분이나 지위를 염려하지 않는다. 세속적인 세상을 두려워할 필요가 없다는 것을 잘 알기 때문에 명성, 재산, 업적 등을 통해서 자아를 구축할 필요를 느끼지도 않는다.

이것이 우리 모두가 언젠가는 회복하게 될 진정한 영적 자아이다. 하지만 내 느낌으로는 그날이 오기 전까지 우리는 우리 자아의 이러한 놀라운 양상에 도달하기 위해서, 즉 그것을 개발해 드러나게 하기 위해서 우리는 최선을 다해 할 수 있는 모든 노력을 해야 한다. 지금 이 순간 우리 안에 사는 존재가 바로 이 영적 자아이며, 신은 사실상 우리가 이러한 존재가 되기를 진정 바라고 있다.

그럼 어떻게 해야 이런 참다운 영적 자아에 가까이 이를 수 있는가? 사랑과 연민을 실천하는 방법을 통해서이다. 왜 그러한가? 사랑과 연민은 많은 사람이 생각하듯 어떤 추상적인 개념이 아니라 그것을 훨씬 넘어선 아주 실제적real이고 구체적이기 때문이다. 영적 세계의 구성성분 자체가 바로 이러한 사랑과 연민으로 이루어져 있다.

따라서 영적 세계로 되돌아가기 위해서는 우리가 지금 이 세상에 갇혀 사는 중일지라도 그 영적 세계와 같은 모습이 될 수 있어야 한다.

신을 상상할 때 사람들이 하는 가장 큰 오해 중의 하나는 신을 비인격적인 대상으로 상상하는 일이다. 물론 신은 과학이 측정하고 이해하려고 애쓰는, 측량할 길 없는 우주의 완전함이다. 하지만 역설적이게도 옴Om은 '인간적'이기도 하다. 당신과 나보다도 더 인간적이라고 할 수 있다. 옴은 우리가 상상할 수 있는 것보다도 더 깊이 있게 인간적인 방식으로 우리 인간들의 상황을 이해하고 연민을 느낀다. 왜냐하면 옴은 우리가 망각에 빠진 상태라는 것을 알고 있고, 아주 잠시라도 신성을 망각한 채로 살아간다는 일이 얼마나 끔찍한 부담인지를 잘 알기 때문이다.

16장 깊은 우물 속으로 밧줄을 던지는 일

우리의 친구 실비아를 홀리가 처음 만난 것은 1980년대 노스캐롤라이나주 롤리에 있는 레이븐스크로프트 학교에서 같이 근무하면서였다. 그 당시 홀리는 수전 라인티에스라고 하는 친구하고도 가깝게 지냈다. 수전은 영능력자였다. 하지만 이것 때문에 내가 그녀에 대해 편견을 갖고 있진 않았다. 그녀의 행동들이 나의 편협한 신경외과적 관점의 범위를 벗어난 것들이긴 했어도, 나는 그녀를 그저 특별한 사람으로 생각했다. 그녀는 또한 영적인 채널러였고, 《제3의 눈이 열리다Third Eye Open》라는 책의 저자였다. 홀리는 이 책에 열광했다. 수전이 정기적으로 하는 영적 치유활동 중에는 혼수상태에 있는 환자들과 심령적으로 접속함으로써 그들의 회복을 도와주는 일이 포함되어 있었다. 내가 혼수상태에 빠진 지 나흘째 되는 목요일, 실비아는 수전을 통해서 나와의 연결을 한번 시도해보면 어떨까 하는 생각을 하게 되었다.

실비아는 수전의 채플힐 집으로 전화를 걸어 나에게 일어난 일에 관해 설명했다. 나하고의 '채널을 맞춰볼' 수 있는지 물어보자 수전은 가능하다고 하면서 내 상태에 관한 몇 가지 세부사항을 더 물어왔다. 실비아는 내가 나흘째 혼수상태이며 지금은 위독한 상황이라는 등의 기본적 사항들을 전해줬다.

"그것만 알면 돼요." 수전이 말했다. "오늘 밤에 접속을 시도해볼게요."

수전의 견해에 따르면, 혼수상태의 환자는 일종의 중간에 낀 존재이다. 완전히 이곳(지상의 영역)에 있지도 않고 전적으로 저곳(영적인 영역)에 속하지도 않아서, 이러한 환자들에게는 종종 특이하게 신비로운 분위기가 나타난다. 이미 언급했듯이 이 사실은 나 스스로도 여러 번 주목했던 현상이었지만 내 경우에는 수전처럼 그것에 어떤 초자연적인 신빙성을 부여하진 않았었다.

수전의 경험에 의하면 혼수상태 환자들에게는 독특한 특징이 있다. 이들은 매우 수용적이어서 텔레파시를 이용하는 의사소통이 잘 이루어진다는 점이다. 그녀는 자기가 명상 상태로 들어가면 나와 쉽게 연결될 수 있으리라고 확신했다.

후에 그녀가 나에게 말했다. "혼수상태의 환자와 대화를 하는 것은, 깊은 우물 속으로 밧줄을 던지는 일과 조금 비슷해요. 얼마나 깊이 밧줄이 들어가야 하는지는 혼수상태의 깊이에 달려 있죠.

제가 선생님과 대화를 하려고 시도했을 때, 제일 먼저 놀란 것은 밧줄이 한참이나 깊이 들어간다는 것이었어요. 밧줄이 더 깊이 들어가는 게 느껴질수록 저는 선생님이 너무 멀리 계셔서 돌아오지 못하는 것은 아닌지, 그래서 선생님과 연결이 안 될까 봐 두려운 마음이 들었었죠."

텔레파시의 '밧줄'을 통해 5분 동안 정신적으로 깊이 들어가자 그녀는, 마치 낚싯줄을 물 아래 드리웠을 때 작지만 무언가가 확실하게 당길 때처럼 어떤 미세한 변화를 감지했다.

"선생님이라는 걸 확신했어요." 나중에 그녀가 나에게 말했다. "그리고 홀리에게 그대로 말해줬죠. 아직은 선생님이 떠날 시간이 아니라고. 그리고 선생님의 몸이 어떻게 해야 할지도 다 알고 있다고 말해주었어요. 홀리에게 이 두 가지 생각을 마음에 새겨두고 선생님 곁에서 그것들을 반복해서 들려주라고 권유했어요."

17장

단 하나의 사례 N OF 1

나의 특이한 대장균 변종이 이스라엘에서 나타났던 그 초강력 내성 변종균과 일치하지 않는다고 담당의들이 판단한 것은 목요일이었다. 하지만 일치하지 않는다는 사실은 내 사례를 더욱 당혹스럽게 만들 뿐이었다. 내가 이 나라 인구 3분의 1가량을 쓸어버릴 수 있는 박테리아 변종균의 보균자가 아니라는 사실은 확실히 좋은 소식이었던 반면에, 치료와 관련해서는 의사들이 모두 이미 너무나 명확하게 느끼고 있던 바가 더욱 분명히 드러났다. 나의 사례는 확실히 전례가 없는 경우였다.

이제 나의 상태는 '대단히 위독함'에서 '가망 없음'으로 급박하게 전환되었다. 의사들은 왜 이런 병에 걸렸는지, 어떻게 해야 내가 혼수상태로부터 의식을 회복할 수 있는지에 대해 그 어떤 대책도 내놓을 수 없었다. 그들에게 확실한 것은 한 가지밖에 없었다. 박테리아성 뇌막염 환자가 며칠 이상 혼수상태로 있다가 완전히 회복한 경우는 없었다는 사실이다. 우리의 시간은 나흘째로 접어들고 있었다.

스트레스는 모두에게 큰 타격을 주었다. 그 전 화요일, 필리스와 베치는 나의 일부분이 대화를 들을 수 있을지도 모른다는 생각에 내 앞에서 죽음의 가능성에 관한 그 어떤 말도 하지 않기로 했었다. 목요일 이른 아침, 진이 중환자실의 간호사 중 한 명에게 나의 생존 가능성에 관해 물어보자, 침대의 반대편에서 이 말을 들은 베치가 말했다. "제발 이 방에서는 그런 이야기하지 마."

진과 나는 언제나 아주 친밀한 사이였다. 우리도 다른 '친딸' 자매들처럼 가족의 일원이었지만, 엄마 아빠가 표현했듯이 '선택받았다'라는 사실 때문에 우리 사이는 더욱 특별했다. 그녀는 항상 나를 보살펴주는 입장이었는데, 그때는 아무것도 할 수 없다는 좌절감이 들면서 한계상황에 이르렀었다.

진의 눈에서 눈물이 흘러내렸다. "집에 좀 다녀와야겠어." 그녀가 말했다.

내 침대맡에서 불침번을 설 사람은 충분히 많을뿐더러, 아마 간호사들도 한 사람이라도 줄어드는 것을 반가워하지 않겠느냐며 모두 동의했다.

그날 오후 진은 우리 집으로 돌아가서 자기 짐을 꾸린 다음, 차를 몰고 델라웨어로 향했다. 그녀가 떠나면서, 처음으로 가족 모두가 느끼기 시작한 감정이 겉으로 드러났다. 무력감이었다. 사랑하는 사람이 혼수상태에 있는 것만큼 좌절감을 주는 경험은 없다. 돕고 싶지만 할 방법이 없다. 사랑하는 사람이 눈을 뜨길 바라지만 그 사람은 눈을 뜨지 못한다. 혼수상태 환자의 가족들은 답답한 마음에 종종 직접 환자의 눈을 뜨게 하려고 애쓰기도 한다. 그것은 환자에게 깨어나라고 명령함으로써 문제를 강제로 해결하려는 방식이다. 물론 되지도 않을뿐더러 오히려 그나마 있던 사기마저 떨어질 수 있다. 깊은 혼수상태에 빠진 환자들은 눈과 눈동자를 조정하는 능력이 없다. 그래서 그들의 눈꺼풀을 열어보면 한쪽 눈은 한 방향을, 다른 쪽 눈은 그 반대편 방향을 향하고 있는 모습을 보게 될 공산이 크다. 보는 사람은 억장이 무너진다. 그 한 주 동안 홀리가 몇 번씩 내 눈꺼풀을 억지로 열어서 송장처럼 뻐딱하게 돌아간 내 눈동자를 볼 때마다 그녀의 고통은 더 커지기만 했다.

진이 떠나고 모두 신경이 날카로워지기 시작했다. 필리스는, 나 역시 일을 하면서 환자 가족들에게서 수도 없이 보아왔던 그런 태도를 보이기 시작했다. 의사들에게 불만이 쌓이기 시작한 것이다.

"왜 의사들은 우리한테 더 많은 정보를 주지 않는 거야?" 그녀가 격분하며 베치에게 물었다. "내가 장담하는데, 만약 오빠가 이 자리에 있었다면 상황이 어떻게 돌아가고 있는지 우리한테 말해줬을 거야."

담당 의사들은 나를 위해 할 수 있는 가능한 모든 일을 사실상 다 하고 있었다. 필리스도 이것을 알고는 있었다. 하지만 그 상황에서의 고통과 좌절감 때문에 나의 사랑하는 가족들은 그저 지쳐가고 있었다.

화요일에 홀리는, 보스턴의 브리검앤위민스병원 정위 방사선수술 프로그램 개발 분야에서 나의 이전 파트너였던 제이 뢰플러 박사에게 전화를 걸었었다. 당시 매사추세츠 종합병원 방사선종양학과 과장으로 있는 제이가 어떤 실마리를 줄 수 있는 가장 적임자라고 생각했다.

내 상태에 대해 설명을 들은 제이는 홀리가 틀림없이 세부사항을 잘못 알고 있다고 주장했다. 그녀가 들려주는 묘사들이 근본적으로 불가능하다고 생각했다. 하지만 마침내 내가 정말로 아무도 유래를 알 수 없는 대장균성 박테리아 뇌막염이라는 희귀한 병으로 혼수상태에 있다는 것을 홀리가 확신시키자 제이는 미국 전역의 전염병 전문가들에게 전화하기 시작했다. 그와 통화를 한 그 누구도 나와 같은 사례는 들어본 적이 없었다. 1991년도까지 거슬러 올라가 의학 문헌을 조사해보아도 요즈음 두뇌에 신경외과 수술을 받지 않은 성인 중에 대장균성 뇌막염이 발병한 사례는 단 한 건도 발견할 수 없었다.

그 화요일부터 제이는 적어도 하루에 한 번은 전화를 걸어 필리스와 홀리에게 경과를 묻고, 자신이 하는 조사의 진척상황을 알려주었다. 또 다른 친한 친구이자 신경외과 의사인 스티브 태터도 마찬가지로 날마다 전화를 해서 조언과 위로를 해주었다. 그러나 하루하루 지날 때마다, 점점 더 분명해지는 유일한 사실은 내 사례가 의학사에서 최초라는 것이었다. 성인들에게 자연발생적인 대장균성 박테리아 뇌막염이 발병하는 경우는 보기가 힘들다. 해마다 전 세계 인구를 기준으로 천만 명 가운데 한 명꼴도 안 된다. 그리고 그램 음성 박테리아성 뇌막염의 다른 종류들과 마찬가지로 이놈은 굉장히 호전적이다. 너무나 공격적이어서 이것의 침략을 받아 나처럼 초기에 급격한 신경학적 악화를 경험하는 환자들의 90퍼센트 이상이 사망한다. 이것이 바로 내가 처음 응급실에 실려왔을 때의 사망률이었다.

내 몸이 항생제에 반응하지 않은 채 한 주가 더디게 흘러가면서 그 암울한 90퍼센트는 100퍼센트를 향해 살금살금 움직였다. 나와 같이 심각한 상태에서 생존하는 소수의 사람은 일반적으로 그들의 남은 삶 동안 24시간 밤낮없이 계속되는 간호가 필요하다. 공식적으로 내 상태는 '단 하나의 사례N OF 1'였다. 'N OF 1'은 한 명의 환자가 전체 실험을 나타내는 의학 연구를 말하는 용어이다. 의사들에게는 내 사례와 비교할 수 있을 만한 다른 사람이 아무도 없었다.

수요일부터 홀리는 매일 오후 방과 후에 본드를 병원에 데려왔다. 하지만 금요일이 되자 이런 방문이 득보다는 해가 되는 것은 아닌지 불안해지기 시작했다. 주초만 해도 나는 가끔 움직였다. 내 몸은 격렬하게 몸부림쳤다. 간호사가 머리를 마사지해주고 보다 많은 양의 진정제를 투여하고 나서야 나는 다시 조용해졌다. 열 살 된 아들이 지켜보기에는 혼란스럽고 힘든 상황이었다. 더는 자기 아빠와 닮지 않은 형체를 지켜보는 것만으로도 괴로웠지만, 나의 행위라고 알아보기 힘든 그런 기계적인 몸놀림을 보는 일이 특히 그 아이에겐 감당하기 힘들었을 것이다. 날이 갈수록 나는 점점 자기가 알던 아빠가 아니었고, 그저 침대에 누워 있는 점점 알아보기 힘든 몸뚱이로 변해갔다. 예전에 알던 아빠의 어떤 이상한 쌍둥이 같은 사람이 있는 듯한 잔인한 상황이었다.

그 주말이 끝나갈 무렵, 간헐적인 근경련까지도 모두 멈추었다. 나는 더 이상의 진정제가 필요하지 않았다. 움직임이 거의 없어졌기 때문이다. 하부 뇌간과 척수의 가장 원시적인 반사 고리에 의해 일어나는 거의 자동적인 죽은 움직임조차 없어졌다.

다른 친척들과 친구들이 전화해서 병문안을 와야 할지 물었다. 목요일이 되었을 때, 그들을 오지 않게 하는 것으로 결정되었다. 나의 중환자실은 이미 너무나도 소란스러웠다. 간호사들은 나의 뇌를 쉬게 해야 하므로 최대한 조용하게 해주라고 강력하게 말했다.

전화 통화를 할 때의 목소리 어조도 눈에 띄게 변했다. 희망 없는 어조로 미묘하게 달라졌다. 홀리는 주위를 둘러보면서 때로는 이미 나를 잃었다고 느끼기도 했다.

목요일 오후, 누군가 마이클 설리번의 방문을 두드렸다. 성요한 성공회에서 일하는 그의 비서였다.

"병원에서 온 전화예요." 그녀가 말했다. "이븐을 간호하고 있는 간호사 한 명이 신부님께 드릴 말씀이 있대요. 급하답니다."

마이클이 수화기를 들었다.

"마이클 신부님." 간호사가 그에게 말했다. "지금 바로 오셔야 해요. 이븐이 죽어가고 있어요."

신부로서 마이클은 예전에도 이런 상황을 많이 봐왔다. 신부들은 의사들만큼이나 죽음과 그것이 남기는 잔해를 자주 접하게 된다. 그럼에도 불구하고, 마이클은 '죽어가는'이라는 단어가 실제로 나와 관련되어서 언급되었을 때 충격을 받았다. 그는 자기 아내 페이지에게 전화를 걸어 기도해달라고 부탁했다. 나를 위해서 그리고 이 상황에 대처할 힘을 필요로 하는 자기를 위해서. 그는 차가운 비가 줄기차게 내리는 가운데, 눈물 가득한 시야로 힘겹게 앞을 보면서 병원을 향해 차를 몰았다.

그가 도착했을 때 내 방의 풍경은 지난번 방문했던 때와 거의 다르지 않았다. 월요일 밤에 필리스가 도착한 이후로 항상 누군가가 내 손을 잡고 불침번을 섰는데, 지금은 필리스가 다시 자기 차례를 맞아 내 곁에 앉아 있었다. 나의 가슴은 인공호흡기와 더불어 1분에 열두 번 오르내렸고, 중환자실의 간호사는 내 침대 주위에 있는 기계들 사이를 돌며 기계가 내보내는 신호를 받아 적는 일상적인 일을 조용히 처리했다.

다른 간호사가 들어왔고 마이클은 그녀가 성당의 비서에게 전화했던 간호사인지를 물었다.

"전 아니에요." 그녀가 대답했다. "저는 아침 내내 여기 있었고 환자의 상태는 어젯밤 이후로 별로 바뀌지 않았어요. 누가 전화했는지 모르겠네요."

11시가 되었을 때 홀리, 어머니, 필리스 그리고 베치가 모두 내 방에 있었다. 마이클이 기도하자고 했다. 두 명의 간호사를 포함해서 모두가 내 침대 주위로 모여 손을 잡았고, 마이클은 나의 회복을 위해 다시 한번 진심 어린 기도를 시작했다.

"하느님, 이븐을 우리에게 돌려주소서. 전능하신 하느님께서 이루어주실 수 있음을 믿습니다."

누가 마이클에게 전화한 것인지 여전히 아무도 아는 사람이 없었다. 하지만 누구였든 간에, 그들이 함께 기도한 것은 좋은 일이었다. 아래의 세계에서 오는 기도들이 마침내 나에게로 전달되기 시작했기 때문이다.

18장

망각하기, 기억하기

나의 자각범위가 넓어졌다. 어찌나 넓어졌는지 온 우주를 다 받아
들일 수 있을 것만 같았다. 잡음이 가득한 라디오 채널로 음악을
들어본 적이 있는가? 듣다 보면 익숙해진다. 그러다가 갑자기 누
군가가 주파수를 정확히 맞추어주면 동일한 노래가 아주 선명하
게 잘 들린다. 그제야 이런 생각이 들 것이다. 그 전에 듣고 있던
음악이 원래의 음악에 비해 얼마나 둔탁하고 실제와 달랐는지, 얼
마나 엉터리였는지를 내가 왜 못 알아차렸단 말인가?

이것이 바로 마음이 작동하는 방식이다. 인간은 적응하기 위해
만들어졌다. 나는 환자들에게, 몸과 마음이 새로운 상황에 적응하
게 되면 예전의 이런저런 불편함이 완화되거나, 적어도 완화되는
것처럼 느껴질 거라고 설명했다. 무언가가 충분히 지속되면 뇌
는 이것을 무시하는 법을 배우거나, 그것을 피해서 작업하거나,

아니면 그저 그것을 정상적인 것으로 여기게 된다.

하지만 우리의 제한된 지구적 의식은 그저 정상적인 것과는 거리가 멀다고 할 수 있다. 나는 중심근원의 한가운데로 더 깊이 여행하게 되면서 그 실례를 처음으로 보았다. 여전히 지구에서의 과거가 아무것도 기억나지 않았는데도 그것 때문에 내가 더 제한되지는 않았다. 지상에서의 삶을 잊어버렸는데도 나는 여기서 내가 진실로 누구인지를 기억할 수 있었다. 나는 믿기 어려울 정도로 광활하고 복합적이며, 오직 사랑으로만 지배되는 그런 우주의 시민이었다.

육체를 넘어서 내가 발견한 것들은 바로 한 해 전에 친부모 가족과 재회할 때 배운 교훈들과 거의 소름이 끼칠 정도로 유사했다. 궁극적으로는 어느 누구도 고아가 아니라는 것이다. 나와 비슷한 처지인데, 우리는 모두 또 다른 가족을 갖고 있다. 즉, 우리에게는 우리를 관찰하고 살펴보는 존재들이 있다. 잠시 잊고 지냈지만 그들이 존재한다는 것에 대해 마음을 열면, 지상에서 우리의 삶을 도와주려고 기다리는 그런 존재들이 보인다. 사랑받지 못하는 사람은 아무도 없다. 우리는 모두 우리의 이해능력 그 이상으로 우리를 아껴주는 창조주의 깊은 관심과 보살핌을 받고 있다. 이 사실이 더는 비밀로만 남아서는 안 된다고 믿는다.

19장

더 이상 숨을 곳이 없다

금요일이 되기까지 나흘 동안이나 세 배에 달하는 항생제 정맥주사를 맞았지만 내 몸은 여전히 아무런 반응이 없었다. 각지로부터 일가친지가 찾아왔고 오지 못한 사람들은 그들의 교회에서 기도회를 조직했다. 나의 처제 페기와 홀리의 가까운 친구 실비아는 그날 오후에 도착했다. 홀리는 그녀가 지을 수 있는 가장 밝은 표정으로 그들을 맞이했다. 베치와 필리스는 오빠는 '나아질 거야' 입장을 견지하고 어떻게 해서든지 긍정적인 관점으로 있으려고 최선을 다했다. 그러나 하루하루 믿음을 지켜내기가 점점 어려워졌다. 이제는 베치조차 부정적인 말을 하지 말자고 자기가 세운 그 규칙이 비현실적으로 지내자는 말에 불과한 게 아닌지 회의가 들기 시작했다.

"만일 입장이 바뀌어서 오빠가 우리였더라면 우리를 위해 이런 식으로 했을까?" 그날 아침 또 한 번의 밤을 새우다시피 한 필리스가 베치에게 물었다.

"무슨 뜻이야?" 베치가 물었다.

"내 말은 이븐이 중환자실에 살다시피 하면서 이렇게 매 순간을 함께 시간을 보냈을 것 같냐는 거야."

베치는 가장 아름답고 간명한 질문으로 답을 대신했다. "지금 우리가 있어야 할 곳이 여기 말고 또 있을 수 있나?"

필요할 때 즉시 달려왔겠지만, 한자리에서 내가 몇 시간이고 끝없이 계속 앉아 있는 것을 상상하기는 절대 쉽지 않다는 데에 그 둘은 동의했다. 나중에 필리스가 내게 말해주었다. "허드렛일을 하는 것 같거나 의무감을 느낀 적은 없었어. 그냥 우리가 당연히 있어야 할 곳이었어."

실비아를 가장 속상하게 한 것은, 내 손과 발이 마치 물을 주지 않은 초목의 잎사귀들처럼 동그랗게 말리기 시작한 것이었다. 뇌졸중과 혼수상태의 환자들에게는 흔한 일이었다. 사지의 주요 근육들이 먼저 수축하기 때문이다. 그러나 가족과 사랑하는 사람들이 보기에는 절대 쉽지 않은 광경이었다. 나를 바라보면서, 실비아는 자신 본연의 직감을 믿자고 계속해서 스스로를 다잡았다. 하지만 그녀조차 점점 그러기가 쉽지 않았다.

홀리는 갈수록 스스로를 더 자책했고(만약 2층으로 더 일찍 올라가기만 했더라도, 만약 이렇게만 했더라도, 만약 저렇게만 했더라도…) 모두 그런 생각에서 그녀를 떼어놓으려고 각별히 주의를 기울였다.

현재로서는 내가 회복에 성공하더라도, *회복*이라는 단어가 내포하는 의미만큼 되지 않으리라는 것을 다들 알고 있었다. 나는 적어도 석 달 정도의 집중적인 회복치료가 필요할 것이고, 만성적인 언어장애(그나마 말을 할 수 있을 만큼 뇌의 능력이 남아 있다면)가 있을 것이며, 그리고 남은 삶 동안 계속해서 간호를 받아야 할 것이다. 이것이 최선의 시나리오였는데, 낙담하고 암울하게 들리는 내용임에도 불구하고 감히 이것을 바라기도 힘들었다. 내가 그 정도의 좋은 모양새로 살아남을 가능성마저도 점점 줄어들어 거의 사라져가고 있었다.

본드에게는 내 상태에 관한 세세한 이야기들을 전부 들려주지는 않았다. 그러나 금요일, 방과 후 병원에서 내 담당의사 중 한 명이, 홀리도 이미 알고 있는 내 상태에 대한 대략적인 내용을 그녀에게 설명하는 것을 본드가 우연히 듣게 되었다.

현실과 마주해야 할 시간이었다. 희망의 여지는 거의 없었다.

그날 저녁, 집에 가야 할 시간이 됐을 때 본드는 병실을 떠나지 않으려 했다. 규정상으로는 보통 의사들과 간호사들이 일할 수 있도록 한 번에 두 명까지만 병실에 있을 수 있었다. 6시쯤 됐을 때 홀리는 집에 가서 저녁 먹을 시간이 됐다고 부드럽게 말했다. 하지만 본드는 백혈구 전사들과 침략자 대장균 군단과의 전투가 그려진 그의 그림 바로 아래 있는 의자에 앉아 일어나려 하지 않았다.

"어쨌든 아빠는 내가 여기 있는지도 모르잖아요." 본드는 반은 슬프고 반은 애원하는 듯한 어조로 말했다. "그냥 여기 있으면 안 돼요?"

결국 그날 저녁에는 다른 사람들이 한 번에 한 사람씩만 교대로 들어왔고 본드는 자리를 지킬 수 있었다.

하지만 다음 날인 토요일 아침이 되자 본드는 태도를 바꿨다. 홀리가 본드를 깨우려고 문을 열고 머리를 내밀었을 때, 처음으로 아이는 병원에 가고 싶지 않다고 말했다.

"왜?" 홀리가 물었다.

"왜냐면…" 본드가 대답했다. "무서우니까."

이렇게 두렵다고 인정하는 것은 다른 사람들을 대변하는 말이기도 했다.

홀리는 잠시 부엌에 다녀왔다. 그런 후에 다시 한번 정말 아빠를 보러 가지 않겠느냐고 물어봤다. 본드가 잠시 동안 가만히 그녀를 쳐다봤다. "좋아요." 결국 아이는 동의했다.

토요일은 침대 곁에서 계속 이어지는 밤샘 간호와 가족들과 의사들 사이의 희망적인 대화로 그렇게 지나갔다. 이 모든 것은 희망의 불씨를 살려내려는 어설픈 시도였다. 모두 전날보다는 비축된 희망의 저장량이 줄어들고 있었다.

토요일 밤, 필리스는 어머니 베티를 호텔방에 모셔다드린 다음 우리 집에 들렀다. 창문에 불빛 한 점 없는, 칠흑같이 어두운 밤이어서 그녀는 흙탕물 속에서 보도를 분간하며 길을 따라 똑바로 걷기도 쉽지 않았다. 내가 중환자실에 입원한 날 오후부터 지금까지 5일 동안 줄곧 비가 내리고 있었다. 지금처럼 수그러들 기미가 보이지 않는 비는 버지니아의 산악지대에서는 상당히 이례적인 현상이었다. 일반적으로 버지니아의 11월은 내 발작이 일어나기 하루 전날인 일요일처럼 상쾌하고 청명하고 화창하기 때문이다. 지금은 그런 날씨가 너무나 오래전 일 같았고, 하늘이 항상 비를 뿌리고 있었던 게 아닐까 싶을 정도였다. 언제쯤 그치기나 할는지?

필리스는 현관문을 열고 불을 켰다. 그 한 주가 시작된 이래로 여러 사람이 들르고 음식을 가져다놓고 갔다. 아직도 계속 음식들이 들어오고 있었지만 일시적인 비상사태로 모여드는 희망 반, 걱정 반의 분위기는 점점 어둡고 절망적인 분위기로 변해가고 있었다. 가족들이 그러했듯이 우리의 친구들도 이제는 나에게 남은 희망의 시간이 막바지에 이르고 있음을 알고 있었다.

한순간 필리스는 불을 지필까 하는 생각이 들었다가 그 생각이 끝나기 무섭게 달갑지 않은 다른 생각이 떠올랐다. 귀찮게 뭐 하러? 갑자기 예전에는 결코 느껴보지 못했던 강도로 엄청나게 기진맥진하고 우울한 감정이 밀려왔다. 그녀는 나무판자로 장식된 서재의 소파에 쓰러져 깊은 잠에 빠져들었다.

30분쯤 후에, 실비아와 페기가 돌아왔다. 그들은 필리스가 서재에 쓰러져 있는 것을 보고 발끝으로 살금살금 들어왔다. 지하실에 내려간 실비아는 누군가 냉동고 문을 열어놓고 간 것을 발견했다. 물이 바닥에 흥건하게 고여 있었고 좋은 스테이크 몇 개를 포함해서 얼린 음식들이 녹아내리고 있었다.

실비아가 지하실이 물바다가 되었다고 페기에게 알리자, 기왕 이렇게 된 김에 그 음식들을 다 처리해버리자고 했다. 그들은 가족들과 몇몇 친구들에게 전화를 걸고 나서 즉시 식사를 준비했다. 페기가 나가서 곁들일 만한 음식을 좀 더 사 왔고 그들은 재빨리 요리를 준비해 즉석 만찬을 마련했다. 곧이어 베치와 그녀의 딸 케이트, 남편 로비 그리고 본드가 합류했다. 다들 신경이 예민한 채로 정신없이 많은 대화가 오갔고, 사람들의 마음속에는 계속해서 이런 생각이 맴돌았다. 아마도 내가(이 자리에 참석지 못한 주빈인) 이 집으로 다시는 돌아오지 못할 것 같다는 생각이.

홀리는 언제까지 해야 할지 알 수 없는 간호를 하러 다시 병원으로 돌아왔다. 그녀는 침대 곁에 앉아 내 손을 잡고선 수전 라인티에스가 권유한 만트라를 외웠다. 만트라를 외우면서 말의 뜻에 집중했고 그것이 사실이라고 가슴 깊이 믿으려고 노력했다.

"이 기도를 들어주세요."

"당신은 많은 사람을 낫게 했어요. 이제는 당신이 나을 차례예요."

"당신은 많은 사람으로부터 사랑받고 있어요."

"당신의 몸은 무엇을 어떻게 해야 할지 잘 알고 있어요. 당신은 아직 죽을 때가 아니에요."

20장   천국의 문은 닫히고

지렁이 시야에 갇혀 있다는 것을 발견할 때마다 나는 아름다운 회전하는 멜로디를 기억해냈고 그것은 관문과 중심근원으로 가는 길을 내게 열어주었다. 나는 나비 날개 위에 있는 나의 수호천사와 함께 아주 긴 시간을 보냈고(역설적이게도 시간이 전혀 지나지 않은 듯했다), 중심근원 깊은 곳에서 창조주와 빛의 구체로부터 영원한 시간 동안 배움을 받았다.

그러다가 한 번은 관문까지 왔는데 다시 들어갈 수 없게 되었음을 알았다. 그때까지 높은 영역으로 나를 데려다주는 열차표 같은 역할을 했던 회전하는 멜로디가 더는 나를 데려가주지 않았다. 천국의 문이 닫힌 것이다.

이것이 어떤 느낌이었는지를 설명하는 것은 참으로 어려운 일이다. 지상에서는 단선적 언어의 병목현상 때문에 모든 것을 강제로 표현해야 할뿐더러, 일단 육체로 돌아오면 마치 모든 입체적이었던 경험들이 전반적으로 평평해지는 것 같기 때문이다. 당신이 실망감을 느낀 모든 상황을 다 떠올려보라. 우리가 지상에서 경험하는 모든 상실감은, 사실 어떤 근본적인 상실감의 다양한 변형들일 뿐이다. 천국에 대한 상실감이 그것이다. 천국의 문이 닫혔을 때, 나는 이전에는 결코 알지 못했던 그런 슬픔을 느꼈다. 저 위에서는 감정들이 다르게 느껴진다. 모든 인간적 감정들을 그대로 다 느끼지만, 모든 것이 더 깊고 더 광활하다. 즉, 내면에서만 느껴지는 게 아니라 외부에서도 느껴진다. 여기 지상에서 당신의 기분이 변할 때마다 그 즉시 날씨도 덩달아 바뀐다고 상상해보라. 당신이 눈물을 흘리면 소나기가 쏟아지고 당신이 기뻐하자 구름이 즉시 걷힌다면 어떻겠는가. 이것은 저 위에서는 기분의 변화가 얼마나 광대한 결과로 나타나는지를 보여주는 하나의 힌트일 뿐이다. 참으로 신기하고 웅장하게도, 우리가 생각하는 '내면'과 '외부'라는 것이 사실은 전혀 존재하지 않는다.

그리하여 억장이 무너진 나는 이제 끝없는 슬픔의 세계로 빠져들었고, 이러한 침울함은 동시에 *실제로* 침몰하는 상황 바로 그것이었다.

커다란 벽 같은 구름을 통과하며 나는 아래로 이동했다. 주위에서 온통 속삭이는 소리가 들렸지만 무슨 말인지 알아들을 수 없었다. 그러다가 나는 곧 저 멀리 수많은 존재가 무릎을 꿇은 채 둥근 원으로 나를 둘러싸고 있다는 것을 알았다. 이제 와서 생각해보니, 그때 어둠 저편에서 내 위와 내 아래에 쫙 깔린, 보일 듯 말 듯, 느껴질 듯 말 듯한 여러 층위의 존재들이 무엇을 하고 있었는지 알 것 같다.

그들은 나를 위해 기도하고 있었던 것이다.

그중에서 내가 나중에 기억한 두 사람의 얼굴은 마이클 설리번과 그의 아내 페이지였다. 옆모습밖에 볼 수 없었지만 내가 나중에 돌아와서 말을 할 수 있게 되었을 때 나는 그들을 확실히 알아볼 수 있었다. 마이클은 실제로 중환자실에 직접 와서 수도 없이 많은 기도를 이끌었고, 페이지는 직접 오지는 않았지만 그녀도 나를 위해 여러 번 기도를 했었다.

이런 기도들이 나에게 힘이 되었다. 아마도 그 덕에, 내가 매우 슬펐음에도 불구하고 내 안에서는 왠지 모르게 모든 것이 잘되리라는 믿음이 생겼던 것 같다. 이 존재들은 내가 전환과정을 거치고 있다는 것을 알고 있어서 내 마음 상태를 좋게 유지할 수 있도록 노래하고 기도하고 있었다. 미지의 영역으로 끌려가고 있었지만 그 시점에서 나는 완전한 믿음과 신뢰를 할 수 있었다. 나비 날개 위의 안내자와 무한한 사랑의 신이 내게 약속했듯이 나는 보살핌을 받게 될 것이고, 내가 어디에 있든 천국이 나와 함께 있으리라는 것을 믿었다. 그 천국은 창조주 또는 옴Om의 형태로, 또는 나비 날개 위의 여인(나의 천사)의 모습으로

올 것이라고 믿었다.

나는 돌아오는 중이었지만 이제는 혼자가 아니었다. 다시는 혼자라는 느낌이 들지 않으리라는 것을 알고 있었다.

21장

무지개가 뜨다

나중에 이 일들을 돌이켜보았을 때 필리스는 그 한 주 동안 가장 기억에 남는 것은 비가 왔던 일이라고 말했다. 낮게 깔린 구름에서 차갑게 휘몰아치는 비는 절대 누그러지지 않아 태양이 살짝 엿볼 틈마저 주지 않았다. 그러다가 일요일 아침 그녀가 병원 주차장에 차를 댈 즈음 무언가 이상한 일이 벌어졌다. 필리스는 보스턴 기도 모임의 한 사람이 보낸 문자를 방금 보았다. "기적을 기대하세요." 그녀는 어느 수준의 기적을 기대해야 할지 곰곰이 생각하면서 어머니가 차에서 내리는 것을 도와주었고, 그들은 비가 그쳤다는 사실을 함께 주목했다. 동쪽에서 태양이 구름 틈새로 햇살을 쏘면서, 서쪽에 자리한 아름답고 오래된 산들을 밝게 비추었고 그 위에 있는 잿빛 구름에 황금빛 색조를 입히고 있었다.

그때, 11월 중순의 태양이 떠오르고 있던 그 반대편으로, 저 멀리 떨어진 산봉우리에서, 그것이 보였다.

아주 선명한 무지개가.

실비아는 나의 주 담당의사인 스콧 웨이드 박사와의 예약된 면담을 위해 홀리와 본드를 태우고 병원으로 차를 몰았다. 친구이자 이웃이었던 웨이드 박사는, 그동안 생명이 위태로운 질병을 다루는 의사로서 최악의 결정들을 내려야 하는 상황에 직면하여 여러 번 고군분투한 경험이 있었다. 내가 혼수상태에 빠져 있는 시간이 길어질수록 그만큼 내 남은 인생을 '영구적인 식물인간의 상태'로 보낼 가능성이 더 커지고 있었다. 이제는 평생 혼수상태에 있을 것이 거의 확실한 상태에서 치료를 계속하는 것보다는 항생제 투여를 그만두는 것이 좀 더 현명한지도 모를 일이었다. 그간의 치료에도 불구하고 나의 뇌막염이 전혀 반응하지 않았다는 점을 본다면, 설령 마침내 뇌막염을 뿌리 뽑는다고 해도 그들은 기껏해야 나의 몸이 아무런 반응도 못 하는 생명력이 없는 상태로 수개월 혹은 수년간 살아 있게 해주는 역할을 할 처지에 놓여 있었다.

"앉으세요." 웨이드 박사가 친절하면서도 엄숙한 어조로 홀리와 실비아에게 말했다.

"브레넌 박사와 저는 각자 버지니아의 듀크대학교와 보우먼그레이 의학부의 전문가들과 전화회담을 나누었습니다. 지금의 상태가 어렵다는 데에는 한 사람도 예외 없이 의견이 일치했다는 점을 말씀드려야 할 것 같습니다. 앞으로 12시간 안에 눈에 띄는 차도가 이븐에게서 보이지 않는다면 우리는 항생제 투여 중단에 대한 논의를 권고할 것입니다. 심각한 박테리아성 뇌막염으로 일주일간 혼수상태에 있었다는 것만으로도 사실은 이미 회복 가능성을 합리적으로 기대할 수 없는 단계입니다. 지금과 같은 상황에서는 자연의 순리에 따르는 것이 나을 것 같습니다."

"그렇지만 저는 어제 그이의 눈꺼풀이 움직이는 걸 봤어요." 홀리가 항변했다. "정말이에요, 움직였다고요. 눈을 뜨려고 거의 애쓰는 것 같았어요. 제가 확실하게 봤어요."

"그렇게 보신 것을 의심하지는 않아요." 웨이드 박사가 말했다. "그의 백혈구 수치도 낮아졌어요. 물론 좋은 소식이고 그렇지 않다고 주장하는 것이 결코 아닙니다. 하지만 지금 상황의 맥락을 보셔야 해요. 우리가 진정제 투여 수준을 상당히 낮췄기 때문에 지금쯤 그의 신경계 검사결과에는 더 많은 신경계 활동이 나타날 것입니다. 뇌 하부가 부분적으로 기능을 하고 있지만 우리가 바라는 것은 뇌의 고등기능의 수행인데 그것들은 현재 전혀 기능하지 않습니다. 각성도가 확실하게 호전되는 것처럼 보이는 현상은 대부분의 혼수상태 환자들에게 시간이 지나면서 일어나는 일입니다. 몸의 움직임을 보면 마치 그들이 돌아오고 있는 것으로 보입니다. 하지만 그렇지 않습니다. 그것은 단순히 뇌간이 각성혼수라고 불리는 상태로 진입하는 것으로 몇 달 혹은 몇 년간 그런 패턴에 머물러 있을 수 있습니다. 대부분의 눈꺼풀 떨림 현상은 이런 것을 의미합니다. 그리고 다시 한번 말씀드리지만 박테리아성 뇌막염에 의한 혼수상태로 지내기에 7일이라는 기간은 대단히 긴 시간입니다."

웨이드 박사는 충격을 완화하기 위해 한 문장으로 할 수 있는 이야기를 많은 단어를 사용해서 전하고 있었다.

'이제는 보낼 때가 되었습니다'라는 말을.

22장 여섯 사람의 얼굴

내가 점점 아래로 내려감에 따라, 지렁이 시야 세계에선 항상 그랬듯이 진창에서 점점 더 많은 얼굴들이 튀어나오는 것이 보였다. 하지만 이번에는 얼굴들이 뭔가 달랐다. 동물이 아닌 인간의 얼굴들이었다.

그리고 그들은 아주 선명하게 무슨 말을 하고 있었다.

하지만 그들이 하는 말을 내가 알아들을 수는 없었다. 찰리 브라운 만화에서처럼, 어른들이 무슨 말을 하는데 도무지 해독되지 않는 소리로만 들리는 그런 식이었다. 나중에 다시 돌이켜 생각해보니, 그때 본 얼굴 중에는 실제로 내가 알아볼 수 있는 여섯 사람이 있었다. 실비아가 있었고, 홀리가 있었고, 그녀의 여동생 페기도 있었다. 스콧 웨이드가 있었고, 수전 라인티에스가 있었다. 이 사람 중에서 실제로 나의 마지막 시간 동안 내 침대 머리맡에 와 있지 않았던 유일한 사람은 수전이었다. 하지만 수전도 물론 내 침대맡에 있었다고 할 수 있다. 그 전날 밤과 마찬가지로 그날 밤에도 그녀는 채플힐에 있는 자기 집에 앉아서 심령적으로 나에게 왔었기 때문이다.

이 사실을 나중에 알게 되었을 때, 나는 어머니 베티와 누이들이 일주일 내내 내 곁에서 다정하게 손을 잡아주고 있었는데도, 그때의 얼굴들에 포함되어 있지 않았다는 점 때문에 어리둥절했다. 어머니는 발의 피로골절로 보행기를 이용해 움직였지만 간호 당번을 충실하게 했었다. 필리스와 베치, 진도 모두 와 있었다. 그런데 이들이 그 마지막 날 밤에는 없었다는 것을 알게 되었다. 내가 기억했던 얼굴들은 혼수상태에 든 지 7일째 되는 날 아침, 또는 전날 저녁에 직접 병실에 와 있던 사람들이었다.

그런데 아래로 하강하던 그 당시에, 나는 이 얼굴들에 그 어떤 이름이나 정체성도 연결할 수 없었다. 다만 이들이 어떤 면에서 내게 매우 중요한 사람들이라는 것을 느낄 뿐이었다.

마지막 한 얼굴은 유난히 나를 끄는 힘이 있었다. 그것이 나를 끌어당기기 시작했다. 나는 구름 그리고 천사 같은 수많은 존재가 기도하고 있는 거대한 우물 속으로 하강하던 중이었는데, 갑자기 이 우물 전체가 위아래로 울릴 정도로 요동치는 충격과 더불어 문득 깨달았다. 관문과 중심근원에 있는 존재들을 나는 영원한 시간 이전부터 알아왔고 사랑해왔다고 느꼈었는데, 내가 아는 유일한 존재들이 이들만이 아니라는 사실을. 내가 지금 빠르게 다가가고 있는 저 아래에도 내가 알고 사랑하는 존재들이 있었다는 것을. 나는 그때까지 이들을 완전히 잊고 있었던 것이다.

이러한 앎 속에서 나는 여섯 명의 얼굴 모두에 집중했는데, 특히 여섯 번째 얼굴에 더 주목했다. 무척이나 익숙한 얼굴이었다. 거의 완전한 공포에 가까운 충격을 느끼면서, 그게 누군지는 몰라도 나를 필요로 하는 사람의 얼굴이라는 것을 깨달았다. 내가 떠난다면 결코 상처를 회복하지 못할 그 누구였다. 내가 그를 포기한다면 마치 천국의 문이 닫혔을 때 그 느낌처럼, 그는 결코 상실감을 견딜 수 없으리라는 것을 알았다. 이런 배신행위는 도저히 할 수 없다고 느꼈다.

지금까지는 자유로웠었다. 나는 탐험가들이 자신의 운명에 대해 아무 걱정 없이 탐험할 수 있는 가장 효율적인 방식으로 여러 세계를 돌아다녔다. 즉, 나의 운명에 대해 진실로 아무런 관심이 없었다. 결과가 어떻게 되든 궁극적으로는 중요하지 않았다. 왜냐하면 중심근원에 있을 때조차 누군가를 포기하는 것에 대해 걱정하거나 죄의식을 가질 일이 없었기 때문이다. 게다가 그것은 나비 날개 위의 여인이 초기에 내게 "당신은 그 어떤 잘못된 일도 할 수 없어요" 하면서 가르쳐준 것이기도 했다.

하지만 지금은 상황이 달랐다. 어찌나 다른지, 내 전체 여정 속에서 처음으로 굉장한 공포를 느꼈다. 나를 걱정하는 공포가 아니라 이 얼굴들, 특히 여섯 번째 얼굴에 대한 걱정에서 오는 공포였다. 여전히 누군지 알아볼 수는 없었지만 나에게 무엇보다 중요한 사람이라는 것만은 알 수 있었다.

이 얼굴이 점점 자세히 보였는데, 마침내 나는 그 얼굴이, 즉 그가 나에게 돌아오라고 간청하고 있음을 알았다. 다시 자기와 함께 있어달라고, 위험을 무릅쓰고 다시 저 아래 세계로 내려와달라고 간청하고 있었다. 여전히 그의 말을 알아들을 수는 없었지만, 그것은 대략 내가 아직 아래 세상에 이해관계가 있다고, 소위 말하듯이 '걸린 돈이 있다skin in the game'고 전하는 듯했다.

나는 돌아가야만 했다. 내가 외면할 수 없는 그런 인연들이 있었다. 그 얼굴이 점점 선명하게 보일수록 이 사실을 깨달을 수 있었다. 더 가까이 다가가자 나는 그 얼굴을 알아보게 되었다.

어린 남자아이의 얼굴을.

23장   마지막 밤, 첫 번째 아침

웨이드 박사와 자리에 앉기 전에 홀리는 본드에게 문 바깥에서 기다리라고 말했다. 아주 안 좋은 소식일지 모르는 사실을 본드가 듣게 내버려둘 수 없었다. 하지만 눈치를 챈 본드는 문밖에서 귀를 기울여 웨이드 박사의 몇 마디 말을 알아들었다. 그 몇 마디만으로도 본드는 상황을 충분히 이해할 수 있었다. 아버지가 결코 회복하지 못하리라는 사실을.

본드는 내 방으로 달려와 침대 위로 올라왔다. 흐느끼면서 내 이마에 입맞추고 내 어깨를 쓰다듬었다. 그러고는 내 눈꺼풀을 들어 올려 초점 없는 공허한 눈을 들여다보며 말했다. "괜찮아질 거예요, 아빠. 괜찮아질 거예요." 어린 마음에 본드는 이렇게 말하고 또 말하면 정말로 그렇게 될 거라 생각하며 계속 반복해서 말했다.

그러는 사이 복도 끝에 있는 방에서는 홀리가 허공을 응시한 채 웨이드 박사의 말에 귀 기울이고 있었다.

마침내 그녀는 말했다. "그러니까, 학교로 연락해서 이븐더러 오라고 말해야 한다는 거죠?"

웨이드 박사는 주저하지 않고 대답했다.

"네, 그렇게 하시는 것이 좋다고 봅니다."

지난 폭풍으로 반짝반짝 빛나는 버지니아 산맥이 내다보이는 회의실의 커다란 유리창을 향해 걸어가면서 홀리는 휴대전화를 꺼내 아들 이븐의 번호를 눌렀다.

그때 실비아가 갑자기 의자에서 일어났다.

"홀리, 잠깐만 기다려 봐." 그녀가 말했다. "내가 한 번만 더 보고 올게."

실비아는 중환자실로 들어가 내 침대맡으로 다가왔다. 본드는 그 옆에 앉아서 조용히 내 손을 쓰다듬고 있었다. 실비아가 부드럽게 내 팔을 잡았다. 일주일 내내 그랬듯이 내 머리는 약간 한쪽으로 기울어져 있었다. 일주일 동안 사람들은 그저 내 얼굴만 바라봤지, 얼굴 속의 나를 보려고 하지는 않았다. 내 눈이 열리는 유일한 순간은 의사들이 불빛에 반응하는 동공 확장을 살펴볼 때거나(그것은 뇌간 기능을 체크하는 데 아주 단순하면서 가장 효과적인 방법 가운데 하나이다) 홀리나 본드가 의사들의 반복되는 지시를 무시하고 고집스레 나의 눈을 뜨게 했을 때였다. 하지만 그때마다 그들은 부서진 인형같이 삐뚤어져 있는, 죽은 사람의 그것과 같은 내

두 눈동자와 마주치게 되었다.

그런데 지금, 의사한테서 들은 이야기를 결코 받아들일 수 없다고 작정하며 실비아와 본드가 나의 처진 얼굴을 응시하던 그때, 그 일이 일어났다.

내가 눈을 떴다.

실비아가 날카로운 비명을 질렀다. 그녀가 나중에 이야기해준 바에 따르면, 내가 눈을 떴다는 사실 다음으로 못지않게 충격을 받았던 것은 내가 그 즉시 주변을 둘러보던 방식 때문이었다. 위, 아래, 이쪽, 저쪽… 마치 7일간 혼수상태에 있던 성인이 깨어나는 모습이 아니라, 갓 태어난 아기의 눈빛 같았다. 이 세상에 막 태어나서, 처음으로 주변을 둘러보는 그런 눈빛이었다.

어떤 면에서는 그녀가 옳았다.

실비아는 처음의 충격에서 회복되자 내가 어쩐 일인지 동요하고 있다는 것을 알았다. 그녀는 방을 뛰쳐나가 아직 유리창 앞에서 이븐과 얘기하고 있던 홀리에게로 달려갔다.

"홀리… 홀리!" 실비아가 소리쳤다. "그가 깨어났어. 깨어났다고! 이븐한테 아빠가 돌아왔다고 말해줘."

홀리가 실비아를 빤히 쳐다봤다. "이븐, 이따 다시 전화할게. 그이가… 네 아빠가 다시… 살아났어." 그녀가 전화기에 대고 말했다.

홀리는 중환자실을 향해 몇 걸음 걷다 결국 뛰어갔다. 그녀의 뒤로 웨이드 박사가 따라 들어왔다. 아니나 다를까 나는 침대에서 몸부림치고 있었다. 기계적인 반응이 아니었다. 나는 의식이 있는 상태였는데 무언가가 나를 불편하게 하고 있었던 것이다. 웨이드 박사는 즉각 그 이유를 알아차렸다. 아직 내 목에 삽입된 호흡기 튜브 때문이었다. 더는 튜브가 필요하지 않았다. 내 몸의 나머지 부분과 마찬가지로 나의 뇌가 다시 살아났기 때문이었다. 그는 나에게로 다가와서 고정시킨 테이프를 잘라내고 조심스럽게 튜브를 빼냈다.

나는 약간 숨이 막혔다가, 처음으로 7일 만에 아무런 도움 없이 폐에 가득 찬 숨을 내쉬며 입 밖으로 첫 마디를 내뱉었다.

"고마워요."

엘리베이터에서 내리는 순간까지도 필리스는 조금 전에 봤던 무지개를 생각하고 있었다. 그녀는 어머니가 탄 휠체어를 밀면서 병실로 들어왔다가, 믿기지 않는 광경을 보고는 하마터면 뒤로 넘어갈 뻔했다. 나는 침대에 앉아 직접 그들의 시선을 마주하며 그들을 쳐다보고 있었다. 베치는 팔짝팔짝 뛰었다. 그녀가 필리스를 껴안았고 둘 다 눈물을 흘렸다. 필리스는 가까이 다가와 나의 눈을 깊이 들여다보았다.

나도 그녀를 마주 쳐다보았고, 그런 다음 주변의 다른 사람들을 둘러보았다.

사랑하는 나의 가족과 간병인들이 여전히 불가사의한 상황변화에 놀라 말문이 막힌 채 내 침대 주위로 모여들고 있을 때, 나는 기뻐하며 평화로운 미소를 지었다.

"다 잘될 거야."

나는 말로써만이 아니라 존재 자체로 이 메시지를 전하고 있었다. 우리 존재 자체가 신성한 기적임을 알려주듯 나는 한 사람 한 사람을 각각 깊이 바라보았다.

"걱정하지 마… 다 잘될 거야."

사람들의 걱정을 달래기 위해 나는 반복해서 말했다. 필리스는 나중에 내가 마치, 세상은 잘 굴러가고 있고 우리는 두려워할 것이 아무것도 없다는, 저 위로부터의 근원적인 메시지를 전해주고 있는 것같이 느껴졌다고 말해주었다. 그녀는 가끔 잡다한 세상일로 마음이 상할 때마다 그때의 내 말을 기억해서 떠올린다고 말해줬다. 우리는 결코 혼자가 아니라는 사실에 위안을 받는다고 하면서.

차츰 주변을 살펴보니 나는 지상의 삶으로 제대로 돌아온 듯이 보였다.

"다들 여기서 무슨 일이야?" 나는 모여 있는 사람들에게 물었다.

필리스가 대답했다. "오빠야말로 어떻게 된 거야?"

24장 7일 만의 귀환

본드는 자기가 원래 알고 있던 예전의 아빠가 일어나서 주위를 둘러본 다음, 그간 무슨 일이 일어났는지에 대해 약간 따라잡기만 하면 금세 평상시와 같은 아빠로 다시 돌아올 거라 생각했었다.

하지만 곧 그게 그렇게 쉽지만은 않다는 것을 알았다. 웨이드 박사는 본드에게 두 가지 사항을 미리 일러주었다. 첫째, 내가 혼수상태에서 깨어나면서 했던 말들을 기억하리라고 생각해서는 안 된다. 기억의 처리 과정은 막대한 에너지를 요구하는 일인데 내 두뇌는 이 정도의 정교한 수준의 처리를 수행할 정도로 충분히 회복된 상태가 아니라고 설명했다. 둘째, 회복 초기에 내가 하는 말에 대해서는 별로 신경 쓰지 않아도 된다. 왜냐하면 내가 하는 많은 말들이 상당히 미친 소리로 들릴 것이기 때문이다.

두 가지 면에서 웨이드 박사의 말은 맞았다.

회복 후 첫째 날 아침이 되었을 때, 본드는 형 이븐과 함께 그렸던, 내 백혈구들이 대장균 박테리아를 공격하고 있는 그림을 보여줬다.

"와, 멋진데?" 내가 말했다.

본드는 자랑스럽고 신이 나서 상기되었다.

그런데 나는 계속 말했다. "지금 외부 상황은 어떻지? 컴퓨터 데이터 결과는? 옆으로 좀 비켜줘, 이제 내가 뛰어내릴 차례야!"

본드는 실망했다. 말할 필요도 없이, 그 아이가 바랐던 대로 아빠가 완전히 돌아온 것은 아니었다.

나는 온갖 망상이 제멋대로 올라와서, 내 인생에서 가장 흥분되었던 순간들을 가장 생생한 방식으로 다시 체험하고 있었다.

머릿속에서, 나는 지상에서 3마일 높이로 날고 있는 DC3 프로펠러 비행기에서 스카이다이빙을 하려고 점핑 순서를 기다리고 있었다. 내가 가장 좋아하는 마지막 주자로 뛰어내릴 참이었다. 몸을 최대치로 날릴 기회였다.

비행기 문 바깥의 찬란하게 빛나는 햇살 속으로 불쑥 뛰어들면서 나는 즉시 뒷짐을 지고 머리부터 떨어지는 자세를 취했다(마음속으로). 프로펠러 돌풍 아래로 떨어질 때의 친숙한 진동을 느끼며, 거대한 은빛의 비행기 동체가 하늘로 날아오르는 모습을 거꾸로 떨어지면서 바라보았는데, 아래쪽에 있는 지구와 구름이 동체 아랫부분에 반사된 채 거대한 프로펠러가 슬로모션으로 회전하고 있었다. 나는 아직 지상에서 몇 마일 위의 상공에 있으면서도 (마치 착륙 시의) 보조날개와 바퀴가 내려와 있는 기묘한 광경을 유심히 바라보고 있었다(이 모든 것은 속도를 늦춰서 문 바깥으로 점핑하는 사람들의 바람충격을 최소화하기 위해서이다).

나는 시속 220마일이 넘는 속도로 힘차게 가속하기 위해 머리부터 떨어지는 급강하 자세로 팔을 몸에 더 단단히 붙였다. 세차게 잡아당기는 아래쪽 거대한 행성에 맞서 저항할 만한 것이라고는 얼룩덜룩한 푸른색 헬멧과 어깨밖에 없는 상태에서 매초 축구 경기장보다 더 긴 거리를 이동했고, 옆에서 바람은 허리케인의 세 배나 되는 맹렬한 속도로 그 어느 때보다 더 큰 굉음으로 포효하고 있었다.

나는 거대하게 부풀어 오른 두 개의 하얀색 구름 위를 지나서, 그 사이에 갈라진 깊은 틈 속으로 로켓처럼 돌진했다. 멀리 아래로는 초록색 땅과 반짝거리는 짙푸른 바다가 보였다. 저 멀리 밑에 간신히 보이는 나의 동료들에게 합류하기 위해 나는 정신없이 돌진했고, 다른 점퍼들이 합류함에 따라 다채로운 눈송이 대형은 매 순간 점점 더 커졌다.

나는 중환자실에 있으면서도, 멋진 스카이다이빙을 하고 있다는 망상에 빠져서 양쪽 상태를 오락가락하고 있었다.

즉, 약간 미친 상태와 다시 회복하는 상태 사이에 끼어 있었다.

이틀 동안 나는 내 말을 들어주는 모든 사람에게 스카이다이빙, 비행기, 인터넷에 대해 횡설수설해댔다. 나의 육체적 뇌가 차츰 기능을 회복함에 따라, 나는 괴상한 망상세계에 빠져 시달렸다. 눈을 감을 때마다 나타나는 불쾌한 '인터넷 메시지'들에 사로잡혔는데, 눈을 뜨면 가끔 천장에도 보였다. 눈을 감으면, 삐드득거리는 단조롭고 듣기 싫은 노랫소리가 들렸다가 다시 눈을 뜨면 그냥 사라졌다. 눈앞에 있는 러시아어와 중국어로 된 한 줄로 흐르는 인터넷 자막뉴스를 움직이려고, 마치 ET처럼 손가락을 허공에 대고 있기도 했다.

한마디로, 나는 약간 미친 상태였다.

이 모든 것은 지렁이 시야로 보는 세상과 조금 비슷했는데, 악몽의 느낌이 더 강했다. 나에게 들리고 보이는 것들이 과거의 내 행적들과 더 얽혀 있었기 때문이다(나는 홀리의 이름을 포함해 사람들의 이름을 기억하지 못했는데도, 누가 내 가족인지는 알아볼 수 있었다).

그러면서 이 모든 것에는 관문과 중심근원에서 느꼈던 그 눈부신 선명함과 생기 넘치는 풍요로움(초강력 현실성ultra-reality)이 철저하게 결여되어 있었다. 나는 확실히 두뇌 속으로 더 많이 돌아온 상태가 되었다.

처음에 눈을 떴을 때 잠시 의식이 완전히 또렷한 것처럼 보였음에도 불구하고, 나는 이내 혼수상태 이전의 내 삶을 다시 망각한 상태로 돌아갔다. 얼마 전에 있었던 곳에 대한 기억밖엔 없었다. 즉 거칠고 추악한 지렁이 시야의 세계, 목가적인 분위기의 관문, 경이로운 천국의 중심근원에 대한 기억밖에 없었다. 그런데 이제 내 마음(참된 나)은 시공간의 한계, 선형적인 사고체계, 언어에만 의존하는 의사소통 등으로 특징 지워진 육체적 존재라는 아주 꽉 낀 옷 속으로 간신히 비집고 돌아오고 있었다. 일주일 전까지만 해도 내가 아는 유일한 존재 방식이었던 것이 이제는 터무니없이 불편한 제약으로 느껴졌다.

육체적인 삶의 특징은 방어적이지만, 영적인 삶의 특징은 정확히 그 반대이다. 이것은 육체적인 삶으로 다시 돌아오는 과정에서 왜 그토록 피해망상적인 반응이 나에게서 나타났는지를 설명하기 위해 내가 제시할 수 있는 유일한 해석이다. 한동안 나는 홀리(여전히 그녀의 이름을 기억하진 못했지만 나의 아내라는 사실을 어느 정도 파악하고 있었다)와 의사들이 나를 죽이려 한다고 믿었다. 그 후로도 다시 비행과 스카이다이빙에 관한 망상에 빠지곤 했고, 어떤 경우에는 아주 긴 시간을 대단히 열중했다. 그중에서도 가장 길고 강렬했던, 거의 우스꽝스러웠던 망상은 이런 내용이었다. 내가 남부 플로리다의 어떤 암 병동 실외 에스컬레이터에서 홀리, 남부 플로리다주 경찰관 두 명 그리고 와이어에 매달린 한 쌍의 아시아계 닌자 사진사들에게 쫓기고 있었다.

나는 '중환자실 정신증ICU psychosis'이라고 하는 현상을 겪는 중이었다. 이것은 오랫동안 활동하지 않았던 두뇌가 다시 활성화되는 환자들의 경우에 예상되는 정상적인 현상이다. 예전에 나는 이런 일을 여러 번 목격했었지만 그 속에서 본 것은 아니었다. 그런데 내부에서 직접 체험해보니 그것은 역시 아주 달랐다.

돌이켜 생각해보면, 이런 악몽과 피해망상적 환상들에서 가장 중요한 것은 결국 이것들이 사실상 말 그대로 환상이라는 점이다. 어떤 것들은(특히 남부 플로리다주에서 닌자들이 등장했던 그 길었던 악몽은) 극도로 강렬했고 그 당시에는 정말 끔찍할 정도로 무서웠다. 하지만 지나고 나서 보면(사실은 그 환상이 끝나고 나면 바로 그 즉시) 그것의 정체가 훤히 보였다. 즉, 그것은 점령되었던 두뇌가 자신의 준거지점들을 다시 회복하려고 애쓰는 과정에서 스스로 만들어낸 환상에 불과했다. 내가 이 기간에 경험했던 꿈 중에 어떤 것들은 정말 놀라울 만큼 생생했지만, 종국에는 이런 꿈의 상태는, 깊은 혼수상태에서 경험한 초강력 현실과 비교해보면 아주, 아주 다르다는 것이 분명해질 뿐이었다.

나의 상상 속에 매우 일관되게 등장했던 로켓, 비행기, 스카이다이빙의 테마와 관련해서 후에 내가 깨달은 것은, 상징적인 관점에서 보았을 때 그런 환상적인 꿈들은 상당히 정확했다는 것이다. 나는 실제로 아주 머나먼 곳으로부터, 한때 버려졌으나 이제 다시 가동되고 있는 두뇌라는 우주정거장으로 재진입하려는 *위험한* 시도를 감행하고 있었기 때문이다. 내가 몸을 떠나 있던 일주일 동안 나에게 일어났던 일을 묘사하기 위해 로켓 발사라는 표현보다 더 적절한 비유는 없을 것이다.

25장 아직은 현실로 돌아오지 않은

처음 며칠간 내가 보인 괴짜 같은 모습을 받아들이기 힘들어한 것은 본드만이 아니었다. 내가 의식을 회복한 다음 날인 월요일에 필리스는 컴퓨터의 스카이프Skype 프로그램을 사용해서 이븐에게 전화를 했다.

"이븐, 네 아빠다." 카메라를 내 쪽으로 돌리며 그녀가 말했다.

"아빠! 좀 어떠세요?" 그가 쾌활하게 물었다.

잠시 동안 나는 그저 활짝 웃는 얼굴로 컴퓨터 화면을 빤히 쳐다보기만 했다. 마침내 내가 말을 했을 때 이븐은 충격을 받았다. 애처로울 정도로 느리게 말을 했을뿐더러, 알아들을 수 없는 말들이었다. 이븐이 나중에 말하기를, "마치 좀비나 마약환자가 말하는 것 같았어요." 중환자실 정신증에 대해 그는 불행히도 미리 이야기를 듣지 못했었다.

점차로 망상증이 누그러들고 나는 좀 더 의식이 또렷해진 상태로 생각하고 대화할 수 있었다. 깨어나고 이틀이 지난 뒤 나는 위험수준을 한 단계 낮춘 신경과 집중간호 병동으로 옮겨졌다. 그곳의 간호사들은 필리스와 베치가 내 옆에서 잘 수 있도록 간이침대를 마련해주었다. 그 당시 나는 그 둘만을 신뢰했었다. 그들은 내가 안전하다고 느낄 수 있게 해주었고 내가 새로운 현실에 안착할 수 있게 해주었다.

다만 유일한 문제가 있었다면 내가 잠을 자지 않는다는 점이었다. 나는 밤새도록 그들에게 인터넷, 우주정거장, 러시아의 이중첩자 등과 같은 온갖 말도 안 되는 이야기들을 늘어놓았다. 필리스는 기침감기 시럽을 조금 먹이면 한 시간 만이라도 잠을 푹 잘 수 있지 않을까 싶어서 간호사에게 내가 기침감기에 걸렸다고 시늉해보기까지 했다. 나는 마치 잠잘 시간에 자지 않는 신생아와 같은 신세였다.

내가 조금 더 차분한 순간이 되면, 필리스와 베치는 내가 나의 삶으로 조금씩 돌아올 수 있도록 도와주었다. 어렸을 때 있었던 온갖 일들을 다시 들려주었고, 나는 대개 처음 들어보는 것처럼 귀를 기울였지만 그럼에도 그 이야기들에 마음을 빼앗겼다. 그들이 이야기를 계속할수록 점점 내 안에서 어떤 느낌이 아른거리기 시작했고, 내가 실제로 그 사건들을 경험했었다는 사실이 자각되었다.

두 사람이 나중에 이야기해준 바에 따르면, 그들이 알고 있던 오빠가 수다스러운 망상의 두꺼운 안개를 뚫고 나와 빠른 속도로 다시 보이기 시작했다.

베치가 말하기를, "정말 무척 신기했던 것은, 오빠는 이제 막 혼수상태에서 깨어나 자기가 어디에 있고 무슨 일이 일어났는지도 잘 모르는 상태였잖아. 그래서 대부분의 시간 동안에 온갖 이상한 이야기만 하고 있었는데도 오빠의 유머감각은 그대로였다는 거야. 정말 *오빠가* 맞더라고. 다시 돌아왔더라고!"

"처음에 했던 농담은 먹는 것과 관련해서였지." 필리스가 후에 말했다. "우리는 시간이 아무리 오래 걸리더라도 한 숟가락씩 오빠의 입에 넣어주려고 했는데, 오빠는 안 된다는 거야. 그 오렌지 젤로를 자기가 직접 한꺼번에 입에 다 넣겠다고 고집을 부리더라고."

한동안 먹먹했던 두뇌의 엔진이 점차로 원활해지면서, 나는 내가 말하고 행동하는 것을 스스로 관찰하게 되었는데, '누가 이렇게 하고 있는 거지?'라는 의문이 들면서 신기하다고 생각했다. 일찍이 재키라고 하는 린치버그에 사는 친구가 병문안을 온 적이 있었다. 나와 홀리는 재키와 그녀의 남편 론을 잘 알았다. 그들한테서 지금 우리 집을 샀기 때문이다. 내가 노력하지 않았는데도 무의식에 깊숙이 박힌 남부 출신의 사교성이 튀어나왔다. 재키를 보는 순간 나는 자동으로 "론은 잘 지내십니까?"라고 물었던 것이다.

며칠이 더 지나자 나는 가끔 방문객들과 의식이 또렷한 상태로 진짜 대화 같은 대화를 나누기 시작했는데, 아무 노력을 들이지 않는데도 이런 연결점들이 자동으로 이루어지자 신기하게 생각되었다. 자동조종장치로 움직이는 제트기처럼, 나의 뇌는 점점 익숙해지는 인간 경험의 풍경들을 성공적으로 비행하고 있었다. 그래서 신경외과 의사로서 아주 잘 알고 있던 진실의 증거를 직접적인 체험을 통해 확인하게 된 것이다. 뇌는 정말 불가사의한 기계장치라는 사실을.

물론 모든 사람은 속으로 이런 의문을 갖고 있었다(나 역시 의식이 맑을 때는 동일한 의문이 들었다). 과연 어느 정도로까지 회복될 수 있을까? 나는 정말로 완전히 회복되고 있는 것일까 아니면 의사들이 생각하듯 대장균이 적어도 약간의 손상을 입혔을까? 사람들은 하루하루의 기다림 속에서 초조함을 느꼈고 특히 홀리는 지금과 같은 기적적인 회복이 갑자기 멈추어서, 그녀가 알던 '나'의 일부하고만 앞으로 살아야 하는 건 아닌지 두려워했다.

하루하루가 지날수록 '나'의 점점 많은 부분이 돌아왔다. 언어. 기억. 인지. 사람들이 익히 알던 나의 짓궂은 기질도 돌아왔다. 나의 유머감각이 돌아오는 것이 기쁘긴 했지만 두 누이에겐 그 방식이 항상 유쾌하지만은 않았다. 월요일 오후, 필리스가 나의 이마에 손을 댔을 때 나는 움찔했다.

"아야!" 나는 소리 질렀다. "너무 아파!"

모두가 깜짝 놀라 걱정하는 것을 실컷 즐긴 후에 나는 말했다.

"농담이야."

내가 빠른 속도로 회복하는 것을 보며 모두가 놀랐다. 나를 제외하고. 나는 내가 얼마나 죽음 가까이에 갔었는지를 아직 정말로 이해하지 못하고 있었다. 친구들과 가족들은 하나둘 일상의 삶으로 돌아갔는데, 나는 그들에게 고맙다는 인사를 하면서도 내가 어떤 비극을 가까스로 모면했는지는 여전히 알지 못하는 축복 속에 있었다. 나는 아주 사기충천해 있었다. 재활시설에 나를 보내야 한다고 고집했던 의사 한 명은 나의 '극도의 행복감'을 뇌 손상 때문이라고 판단했다. 그는 나처럼 평소에 나비넥타이를 매고 다녔는데, 그가 떠난 후 그의 진단의견에 대한 답변으로 나는 누이들에게 "나비넥타이 마니아치고는 감성이 따분한 편이네"라고 받아쳤다.

그때 나는 주변의 점점 더 많은 사람이 후에 인정하게 될 그 사실을 이미 알고 있었다. 의사들의 진단과는 무관하게, 나는 결코 아프거나 뇌가 손상된 사람이 아니라는 사실을. 나는 완전히 건강한 상태였다.

나는 그때 내 생애 처음으로 완전히 그리고 정말로 '잘' 지냈다.

26장 기적을 알리다

나는 '정말로 잘 지냈다'. 비록 하드웨어적 측면에서는 아직 할 일들이 남아 있긴 했지만. 외래환자 재활시설로 옮긴 지 며칠 후에 나는 학교에 있는 이븐 4세에게 전화했다. 그가 신경과학 수업시간에 제출할 보고서를 쓰는 중이라고 하길래 도와주겠다고 나섰지만 머지않아 후회하게 되었다. 이 주제에 대해 집중하는 일이 예상보다 어려웠을 뿐만 아니라, 다 알고 있던 관련 용어들이 갑자기 기억나지 않았다. 아직 가야 할 길이 한참 남았다는 사실이 충격으로 다가왔다.

하지만 그래도 아주 조금씩 기억은 돌아왔다. 어떤 날은 아침에 일어나서 문득, 그 전날까지만 해도 알지 못했던 어마어마한 양의 온갖 과학적·의학적 지식을 알고 있는 나 자신을 발견하기도 했다. 내게 일어난 신기한 경험 중의 하나는 바로 이처럼, 자고 아침에 일어나보니 한평생 걸려 배운 기본적인 지식의 더 많은 부분이 다시 살아나 있음을 발견하는 일이었다.

신경과학자로서의 지식은 하나둘씩 아주 천천히 돌아온 반면에, 몸에서 벗어나 있던 일주일 동안의 기억들은 내 의식 속에 아주 선명하게 불쑥 등장했다. 지상의 세계를 넘어선 영역에서 일어났던 일들 때문에 나는 순수하게 행복한 기분으로 다시 깨어날수 있었고, 그 행복감은 아직도 내 안에 있다. 나는 내가 사랑하는 사람들에게로 돌아오게 되어 무척이나 행복했다. 하지만 내가 행복했던 또 다른 이유는(최대한 꾸밈없이 솔직하게 표현하자면) 처음으로 내가 정말로 누구인지를, 그리고 우리가 사는 이 세상이 어떤 종류의 세상인지를 이해했기 때문이었다.

나는 나의 경험들을 사람들과, 특히 동료 의사들과 나누고자 하는 순진한 열정으로 가득했다. 그때의 경험들로 인해 나의 오래된 신념들이 달라지지 않았던가? 뇌가 무엇인지, 의식이 무엇인지, 심지어는 생명 그 자체가 무엇을 의미하고 무엇을 의미하지 않는지에 대한 나의 신념들이 달라지지 않았던가? 어느 누군들 내가 발견한 것들을 빨리 듣고 싶어 하지 않겠는가?

알고 보니 상당수의 사람이 원하지 않았다. 특히 의학 분야의 학위가 있는 사람들이 그랬다.

그러나 오해하지는 말기를. 의사들은 나를 위해 매우 기뻐했다. "이븐, 너무 잘된 일이오." 그들은 말했다. 수술받는 동안 다른 차원의 세계를 경험했다고 나에게 애써 설명하던 수많은 환자에게, 내가 과거에 보였던 반응과 똑같았다. "당신은 심각하게 안 좋은 상태였소. 뇌에 고름이 가득 차 있었으니. 당신이 여기서 이렇게 말을 할 수 있다는 것조차 우리는 믿기지 않소. 뇌가 이 정도로 심각한 상태에 있을 때 어떤 증세가 나타날 수 있는지는 당신이 더 잘 알고 있을 거요."

간단히 말해, 그들은 내가 그토록 간절하게 나누고 싶어 했던 경험들을 그저 쉽게 믿어줄 수만은 없었던 것이다.

하지만 내가 어찌 그들을 비난할 수 있었겠는가? 사실은 나 역시 그들처럼 이해하지 못했을 테니까, *그전의 나였다면*.

27장

마침내 집으로

나는 추수감사절 이틀 전인 2008년 11월 25일에, 온통 감사하는 마음으로 가득한 가족들의 품으로 돌아왔다. 이븐 4세는 밤새 운전해 다음 날 아침에 와서 나를 깜짝 놀라게 했다. 마지막으로 보았을 때 혼수상태에 있었던 내가 지금 이렇게 살아 있다는 사실이 이븐에게 실감이 나지 않았다. 그는 어찌나 흥분했던지, 린치버그 북단 넬슨 카운티를 건너면서 속도위반 딱지를 떼이기까지 했다.

나는 나무판자로 장식된 서재의 벽난로 옆 안락의자에 몇 시간째 앉아서, 그동안 있었던 모든 일에 대해 생각해보고 있었다. 아침 6시가 막 지났을 때 이븐이 문을 열고 들어왔다. 나는 의자에서 일어나 한참 동안 그를 껴안았다. 이븐에겐 이 상황이 너무 감동적이었다. 병원에 있는 나를 스카이프를 통해 마지막으로 보았을 때는 문장을 제대로 잇지 못하는 상태였다. 그런데 지금은 팔에 링거를 꽂고 있는 핼쑥한 모습이 아니라 내가 가장 좋아하는 역할(이븐과 본드의 아버지 역할)로 다시 돌아와 있는 것이다.

예전과 거의 그대로였지만, 무언가 살짝 내가 달라졌다는 것을 이븐은 알아챘다. 이븐이 나중에 이야기하기를, 그날 처음 보자마자 내가 너무나 '활짝 깨어 있다'는 느낌을 받아 놀랐다고 했다.

"아빠가 어찌나 맑고 선명하게 느껴졌던지, 마치 아빠 안에서 어떤 빛이 나는 것 같았어요."

나는 곧바로 내가 어떤 생각을 하고 있는지 말해주었다.

"이런 종류의 체험에 관한 책들을 빨리 읽어봐야겠어." 나는 그에게 말했다. "이븐, 이건 정말 진짜 실제였어. 실제보다 더 실제적이었다고나 할까, 이게 말이 되는지는 모르겠지만. 신경과학자들을 위해 책으로 써야겠어. 다른 사람들은 어떻게 체험했는지, 임사체험에 관한 책들도 전부 다 읽어봐야겠어. 그동안 환자들이 해준 이야기들을 내가 왜 전혀 진지하게 검토해보지 않았나 싶네. 그런 내용의 책들을 단 한 권도 읽어보지 않을 정도로 전혀 궁금하지도 않았지 뭐야."

내 이야기를 들은 이븐은 처음엔 잠시 아무 말도 하지 않았다. 아빠에게 어떤 조언을 하는 것이 좋을지를 곰곰이 생각하고 있었다. 그는 내 맞은편에 앉아서, 내가 진즉에 생각했었어야 한 것에 대해 말해주었다.

"저는 아빠를 믿어요." 그는 말했다. "하지만 잘 생각해봐요. 만일 이런 경험이 사람들에게 도움이 되어야겠다고 생각한다면, 다른 사람들의 체험담은 절대로 읽지 마세요."

"그럼 어떻게 할까?" 내가 물었다.

"글로 적어놔요. 전부 다 적어요, 기억할 수 있는 한 모든 것들을 최대한 정확하게. 하지만 다른 사람들의 임사체험이나, 물리학이나, 우주론에 관한 어떤 책이나 논문도 읽으면 안 돼요. 아빠한테 일어났던 일들을 다 적어놓기 전까지는. 혼수상태에 있는 동안 일어났던 일들에 대해선 엄마한테나 어느 누구한테도 이야기하지 말아요. 최대한 피해보세요. 나중에 원할 때 얼마든지 이야기할 수 있잖아요. 그렇지 않아요? 아빠가 항상 말했었잖아요. 관찰을 먼저 하고 나서 그다음에 해석을 해야 한다고. 아빠의 경험이 과학적인 가치가 있으려면 다른 사람들의 체험과 비교하기 이전에 먼저 최대한 있는 그대로 정확하게 기록을 해야 돼요."

아마도 누군가가 내게 해준 조언 중에 가장 현명한 조언이 아니었을까 싶다. 그래서 나는 그의 말대로 했다. 내가 무엇보다도 가장 진심으로 원하는 것은 내 경험이 다른 사람들에게 도움이 되는 것이지 않느냐는 그의 말은 옳았다. 나의 과학적 사고가 회복됨에 따라, 내가 했던 경험이 수십 년간의 학교공부와 의사생활을 통해 배운 것들과 얼마나 근본적으로 모순되는지를 명백히 알 수 있었다. 또한 그럴수록 사람의 마음과 개성 또는 소위 영혼이라는 것은 육체를 떠나서도 계속 존재하는 것임을 더욱더 이해하게 되었다. 그래서 나는 내 경험을 세상에 알려야만 했다.

이후의 약 6주 동안은 대부분 비슷하게 시간을 보냈다. 나는 새벽 2시나 2시 반쯤에 일어났다. 살아 있다는 것만으로도 너무 황홀하고 힘이 넘쳐서 잠자리에서 벌떡 일어났다. 서재의 벽난로에 불을 지피고는 내 의자에 앉아 글을 쓰기 시작했다. 나의 삶을 변화시킨 그 많은 가르침을 배우면서 내가 느낀 점들과, 중심근원의 밖에 있었을 때 그리고 안에 있었을 때 경험한 모든 세부사항을 전부 다 기억해내려고 노력했다.

노력했다는 표현도 썩 적절하지는 않다. 모든 기억이 맑고 상쾌하게 그대로 있었기 때문이다. 내가 놓아둔 바로 거기에 그대로.

28장

초강력 현실

사람이 속는 방식에는 두 가지가 있다.
하나는 사실이 아닌 것을 믿을 때이고,
다른 하나는 사실인 것을 믿으려고 하지 않을 때다.
_쇠렌 키에르케고르

나의 글에 계속해서 등장하는 하나의 단어가 있다.

*실제*real.

혼수상태 사건이 있기 전까지 나는 결코 한 단어가 우리를 이 토록 속일 수 있다는 사실을 깨닫지 못했다. 의과대학에서나 학교에서 내가 배운 방식은, '어떤 사물이 실제로 현실이거나(자동차 사고, 축구 시합, 테이블 위의 샌드위치) 실제 현실이 아니거나'라는 식이었다. 신경외과 의사생활을 하면서 나는 환각증세에 시달리는 사람들을 수도 없이 보아왔다. 실제 현실이 아닌 현상을 경험하는 일이 얼마나 끔찍한 일인지 나는 안다고 생각했다. 게다가 나에게도 며칠간 중환자실 정신증 증세가 나타났던 만큼 나는 매우 인상적인, 현실 같은 악몽들의 샘플까지 얻은 셈이었다. 하지만 이런 망상들은 일단 지나가고 나면, 망상에 불과하다는 것을 쉽게 알아차릴 수 있었다. 즉, 뇌의 전기회로망이 다시 작동하려 애쓰는 과정에서 생기는 뉴런의 판타스마고리아(주마등처럼 스쳐지나가는 장면) 현상인 것이다.

하지만 혼수상태였을 때 나의 뇌는 잘못된 방식으로 작동한 것이 아니었다. *그것은 전혀 작동하지 않았다.* 의과대학에서 배운 바대로라면 뇌는 내가 살아가는 이 세상을 만들어내고 감각기관을 통해 들어오는 미가공 데이터를 의미 있는 세상으로 가공하는 일을 하는데, 뇌에서 바로 그것을 담당하는 부분이 다운되어 꺼진 상태였다. 그럼에도 불구하고 나는 살아 있었고, 깨어 있었고, 무엇보다도 사랑·의식·실제성(실제라는 단어가 또 등장했다)으로 특징지어진 세계에서 *진실로 깨어 있었다.* 나로서는 논쟁의 여지가 없는 사실 그대로였다. 너무나 확실히 알고 있어서 가슴이 저릴 지경이었다.

나의 경험은 내가 사는 집보다 더 실제 현실이었고 벽난로에서 타는 장작보다 더 실제 현실이었다. 그런데도 내가 수년에 걸쳐 획득했던 의학의 과학적 세계관 속에는 이 실제성이 들어설 가능성이 없었다.

어떻게 해야 이 두 가지 현실이 양립할 수 있는 여지를 만들어낼 수 있을까?

29장

수백만 사람들이
고백하는 공통 경험

마침내 내가 기록할 수 있는 그 모든 것, 지렁이 시야의 세계·관문·중심근원에 관한 모든 기억을 다 쏟아낸 그날이 왔다.

그리고 이제는 읽을 시간이었다. 나는 임사체험에 관한 기록들의 바다에 빠져들었다. 이전에는 발가락조차 살짝 담가본 적 없었던 그 바다에. 최근뿐만 아니라 과거 수 세기 동안에도 무수히 많은 사람이 내가 겪은 일들을 경험했다는 사실을 알기까지는 그리 오래 걸리지 않았다. 임사체험들이 모두 똑같지는 않았고 각자가 하는 독특한 경험들이 있었다. 하지만 동일한 요소들이 매번 나타나고 또 나타났는데, 많은 부분이 내 경험과 비슷했다. 어두운 터널이나 계곡을 통과해 빛나고 생생한 풍경(초강력 현실)이 있는 곳으로 나아간다는 이야기들은 고대 그리스나 이집트 시대 때부터 있었다. 천사라는 존재들(날개가 달려 있을 때도 있고 없을 때도 있는데)

이 지상에 사는 사람들의 활동을 지켜보고 있다거나, 죽은 사람들을 맞이해준다는 믿음은 적어도 고대 근동시대에까지 거슬러 올라갔다.

이 밖에도 모든 방향으로 동시에 보는 것이 가능한 그런 초감각에 관한 이야기들, 즉 선형적인 시간을 넘어서 존재한다는 느낌, 나아가 인간 생명의 모습을 규정한다고 믿었던 그 모든 것들을 본질적으로 넘어서 있다는 느낌, 성가 같은 음악이 들리는데 이것이 단순히 귀로 들리는 것이 아니라 존재 전체로 들어온다는 이야기들, 아주 오랜 시간에 걸쳐 많은 노력을 기울여야 비로소 이해되었을 법한 개념들이 전혀 노력하지 않고도 한순간에 직접 체득되었다는 이야기들, 그리고 조건 없는 사랑의 강렬함을 경험했다는 이야기들이 있었다.

고대로부터 내려오는 영적인 저술들에서부터 현대에 보고된 임사체험 기록들에 이르기까지, 나는 서술하는 사람이 언어의 한계 때문에 힘들게 애쓰는 모습이 계속해서 보이고 또 보였다. 그들은 마치 자기가 낚은 물고기를 인간의 언어라는 배 위로 온전하게 끌어올리려고 노력하고 있었는데, 사실은 어떤 식으로 해도 결국에는 언제나 실패할 수밖에 없었다.

이야기하는 사람은 어떤 엄청난 내용을 독자에게 전달하려고 언어와 개념을 들고서 고군분투했지만 매번 시도할 때마다 의도했던 목적에 한참 미치지 못했다. 그런데도 나는 그들이 전달하고

자 했으나 그럴 수 없었던 그 무한대의 장엄함이 무엇인지를 이해할 수 있었다.

맞아, 맞아, 맞아! 나는 문헌을 읽으면서 혼잣말을 하곤 했다. *이게 무슨 말인지 나는 알겠어.*

물론 이러한 책들과 자료들은 내가 이런 경험을 하기 전부터 존재했다. 그런데 나는 그것들에 눈길조차 준 적이 없었다. 읽어본다는 차원에서만이 아니라 다른 의미에서도 그랬다. 쉽게 말해, 나는 몸이 죽은 후에도 우리의 무언가가 살아남는다는 담론 속에 일말의 진실성이 있을 수 있음을 단 한순간도 마음을 열고 생각해본 적이 없었다. 비록 회의적인 면도 있었지만 나는 전형적인 의사였다. 그랬던 사람으로서 내가 하고 싶은 말은, 대부분의 회의론자는 실제로는 결코 회의론자가 아니라는 사실이다. 무언가에 대해 정말로 회의론자이기 위해서는 최소한 그것을 실제로 진지하게 조사해봐야 한다. 그런데 나는 다른 많은 의사처럼 임사체험을 탐구하기 위해 시간을 내본 적이 없었다. 그냥 불가능한 것으로 '알고' 있었을 뿐이었다.

나는 또한 혼수상태에 있었던 동안의 병원 기록들을 보았다. 맨 첫째 날부터 아주 꼼꼼하게 기록되어 있었다. 환자의 엑스레이 사진을 검토하듯 나의 사진들을 다시 자세히 살펴보고 나서야 비로소 나의 증세가 얼마나 믿기 힘들 정도로 심각했었는지를 깨달았다.

박테리아성 뇌막염은 뇌의 내부 조직은 전혀 건드리지 않으면서 외부 표면만 공격한다는 점에서 매우 독특한 질병이다. 박테리아들은 뇌의 인간적 특징을 담당하는 부분들을 먼저 효과적으로 파괴한 후, 그 아래에 있는 모든 동물에게 공통된 '생명을 존속시키는' 조직들까지 공격해서 치명상을 입힌다. 두뇌 신피질을 손상시키고 의식불명을 일으킬 수 있는 다른 가능성(머리 외상, 발작, 뇌출혈 또는 뇌종양)도 있지만 이런 병세들은 신피질의 전체 표면을 그 정도로까지 완전히 손상시키지는 못한다. 대체로 이런 경우에는 신피질의 일부만 손상되어 다른 부분들은 여전히 아무 탈 없이 그대로 작동한다. 그런데 이런 질환들은 신피질만 골라서 타격을 주는 그런 방식이 아니라는 점 외에도, 뇌의 깊은 안쪽에 있는 가장 원초적인 부분들을 손상시키는 경향이 있다. 이런 모든 것을 고려했을 때, 실질적으로 죽음을 초래하지 않으면서도 죽음을 흉내 낼 수 있는 그런 질병이 바로 박테리아성 뇌막염인 것이다. (물론 대부분은 사망한다. 안타깝게도 나와 같은 정도로 박테리아성 뇌막염을 앓았던 사람이 살아 돌아와서 이런 체험담을 이야기해주는 경우는 결코 없다. 부록 A 참조.)

'임사체험'의 역사는 매우 오래되었지만(이것을 사실이라고 보든 아니면 근거 없는 망상이라고 보든 간에) 그것은 비교적 근래에 와서야 일상적인 용어가 되었다. 1960년대에 심장마비 환자를 다시 소생시킬 수 있게 해주는 새로운 기술들이 개발되었다. 예전 같았으면 그냥 사망했을 환자들을 살아 있는 사람들의 세계로 다시 돌아올 수 있게 한 것이다. 환자들을 소생시키는 의사들은 자기도 모르는 사이에 지구 밖 차원을 여행하는 새로운 종족을 탄생시키고 있는 셈이다. 즉, 베일 저편을 잠시 본 사람들이 돌아와서 자기 경험을 이야기하기 시작했다. 오늘날 그 수는 수백만에 이른다. 그 후로 1975년에 레이먼드 무디라는 의대생이 조지 리치라는 사람의 경험을 서술한 《삶 이후의 삶 Life after life》이라는 책을 냈다. 리치는 폐렴 합병증으로 심장마비가 와서 '사망'했고 9분 동안 몸을 떠나 있었다. 그는 어떤 터널을 통과한 후에 천국과 지옥을 방문했고, 예수라고 여겨진 어떤 빛의 존재를 만나, 말로 표현하기 힘든 엄청난 평화와 평안함을 느꼈다고 했다. 이렇게 해서 현대의 임사체험 담론이 등장한 것이다.

무디의 책에 대해 전혀 들어보지 못한 것은 아니었으나 그것을 결코 읽어본 적은 없었다. 그럴 필요를 못 느꼈던 것이 우선, 심장마비가 죽음에 가까운close-to-death 조건을 의미한다고 보는 것은 난센스라고 생각했기 때문이다. 임사체험에 관한 문헌들 대부분은 주로 몇 분간 심장이 멈추어 있었던(자동차 사고로 혹은 수술대 위에서) 환자들과 관련되어 있다. 그런데 심장마비가 곧 죽음을 의미한다는 관점은 이미 50년은 뒤처진 낡은 사고방식이다. 아직도 많은 수의 비전문가들은 누군가가 심장마비에서 살아났을 때 그가 '죽었다'가 다시 살아난 것으로 여기고 있지만, 의학계에서는 이미 오래전부터 사망의 개념을 심장이 아니라 뇌를 기준으로 새롭게 규정했다(그 이래로 뇌신경 검사결과의 엄격한 판독을 토대로 뇌사 기준이 1968년에 마련되었다). 심장마비는 그것이 뇌에 치명적인 영향을 미치는 한에 있어서만 죽음을 의미하게 되었다. 심장이 정지되면 몇 초 이내로 뇌에 혈액공급이 중단되어 협동적으로 이루어지는 신경활동이 광범위하게 붕괴되면서 의식을 잃게 된다.

지난 50년간, 심폐바이패스 펌프를 사용해서 그리고 때로는 스트레스에 견딜 수 있도록 뇌를 냉각시켜가면서, 의사들은 심장 수술 및 신경외과 수술에서 심장을 몇 분부터 몇 시간까지도 정지시켰다. 이때 뇌사가 일어나지는 않는다. 불시에 길거리에서 심장이 정지되는 사람조차 뇌 손상을 입지 않을 수 있다. 4분 이내로 누군가가 심폐소생술을 해주면 심장은 다시 작동할 수 있기 때문이다. 뇌에 산소화된 피가 공급되는 한, 뇌는(따라서 사람도) 일시적으로 무의식 상태가 될지라도 살아 있을 것이기 때문이다.

이런 단편적인 지식만으로도 무디의 책을 읽어보지도 않고 외면하는 데는 충분했다. 하지만 이제 다시 그 책을 펼쳐 내가 했던 경험들을 참조해가며 그의 이야기들을 읽어본 결과 나의 관점은 완전히 바뀌었다. 그의 사례 속 사람 중 최소한 일부는 육체를 정말로 떠났으리라는 데에 의심의 여지는 없었다. 내가 육체를 떠나서 했던 경험들과의 유사성이 너무 압도적이었다.

혼수상태에 있던 대부분의 시간 동안에 나의 뇌의 원시적 부분들(생존을 담당하는)은 기능을 다 하고 있었다. 하지만 모든 뇌과학자가 인간의 고유한 면을 담당한다고 설명하는 그 부분은 완전히 나가버린 상태였다. 이것은 나의 모든 엑스레이 사진들, 병원기록들, 신경검사들, 즉 병원에서 일주일 동안 정밀하게 기록한 모든 자료를 통해 알 수 있었다. 그래서 나는 곧바로 나의 사례가 기술적으로 가장 완벽한 임사체험이라는 것을 알게 되었고, 어쩌면 현대 역사상 가장 설득력 있는 사례가 될지 모른다고 생각했다. 내 사례에서 가장 중요한 점은 나의 개인적인 경험의 내용이 아니라, 의학적인 관점에서 봤을 때 이 모든 것을 단순한 망상이라고 주장하기가 전적으로 불가능하다는 사실이었다.

임사체험이 무엇인지 묘사하는 것은 기껏해야 매우 힘든 일이라고 말할 수 있는 정도지만, 그것의 가능성을 전적으로 부정하는 의사들과 직면해서 그렇게 하는 것은 훨씬 더 어려운 일이다. 신경과학 분야에서 일한 경력과, 임사체험을 직접 겪은 덕분에 나는 이제 임사체험에 관해서 사람들의 관심을 끌 특별한 기회를 얻게 되었다.

30장　죽은 자들로부터 돌아오다

그리고 죽음이 다가온다는 것, 그것은 만인을 똑같이 평등하게 만들고 만인에게 똑같이 최후의 진실로 드러난다. 그것에 대하여는 오직 사자死者에서 돌아온 저자만이 제대로 이야기해줄 수 있으리라.

_허먼 멜빌

처음 몇 주 동안은 어딜 가나 사람들이 마치 무덤에서 돌아온 사람 보듯 쳐다보았다. 내가 병원으로 실려갔던 첫째 날 그 자리에 있었던 어떤 의사를 우연히 다시 만나게 되었다. 그는 내 치료에 직접 관여하지는 않았지만 응급실에 실려갔던 날 아침에 나를 눈여겨보았다.

"어떻게 여기 이렇게 살아 계실 수가 있는 거죠?" 그는 의료계 사람들이 나에 대해 갖는 기본적인 의문을 요약하듯 물었다. "혹시 이븐 박사님의 쌍둥이 형제분은 아니시죠?"

나는 미소 지으며 그에게 다가가 내가 맞다는 것을 알려주기 위해 힘주어 악수했다.

쌍둥이 형제 이야기는 농담이었지만 그것은 실제로 중요한 지점에 대한 언급이었다. 모든 점에서 나는 두 명의 사람이었다. 내가 아들 이븐에게 말했던 내가 하고자 하는 일, 즉 내 경험을 통해서 다른 사람들을 돕는 일을 하려면, 나의 임사체험과 나의 과학적 사고를 화해시키고 이 두 사람을 하나로 합쳐야만 했다.

몇 년 전 어느 날 아침에 받은 한 통의 전화가 기억났다. 그날 오후에 제거할 예정인 뇌종양을 디지털 지형도로 검토하던 중이었는데, 그 환자의 어머니로부터 전화가 왔다. 그녀를 편의상 수산나라고 부르기로 하겠다. 고인이 된 그녀의 남편도 일단 조지라고 지칭하기로 하고, 그도 내가 돌보았던 뇌종양 환자였다. 우리의 모든 노력에도 불구하고 조지는 진단받은 지 1년 반도 안 되어 사망했다. 그런데 이번에는 수산나의 딸이 유방암에 의한 전이성 뇌종양을 앓게 되었다. 생존 가능성이 몇 달밖에 되지 않았다. 전화 받기가 좋은 상황은 아니었다. 내 앞에 있는 디지털 영상을 보면서, 어떻게 하면 뇌의 주변 조직을 건드리지 않으면서 종양을 제거할 것인지 정확한 지도를 설계하느라 온통 집중하던 중이었기 때문이다. 하지만 수산나가 이 상황에 의연하게 대처하기 위해 도움이 될 만한 어떤 생각을 (무엇이든 간에) 해보려고 애쓴다는 것을 알 수 있었기 때문에 통화를 계속 이어나갔다.

나는 치명적인 질병의 부담을 지고 있는 사람에게는 진실을 완화해서 말해주는 것이 바람직하다고 언제나 생각해왔다. 말기 환자가 죽음과 맞서기 위해 어떤 신비로운 믿음에 매달리는 것을 못 하게 하는 것은 마치 진통제를 주지 않는 일과 같다고 생각했다. 수산나에게는 이 상황이 매우 감당하기 힘든 것이었기 때문에 나는 그녀가 원하는 만큼 이야기를 들어주었다.

수산나가 말했다. "선생님, 우리 딸이 정말 희한한 꿈을 꿨어요. 꿈에 아빠가 나타났어요. 모든 게 다 잘될 거니까 죽을까 봐 걱정할 필요가 없다고 말하더래요."

이것은 환자들에게서 숱하게 들어왔던 이야기들의 대표적 유형이었다. 견디기 힘든 상황에서 마음은 스스로를 달래기 위해 무엇이든 하는 법이다. 나는 그녀에게 참으로 멋진 꿈이라고 말해주었다.

"선생님, 그런데 가장 믿기 힘든 건 남편이 입고 있던 옷이었어요. 노란색 셔츠와 중절모를 쓰고 있었대요!"

"그렇군요." 나는 친절하게 말했다. "아무래도 천국에는 복장 규정이 없겠죠."

"그게 아니에요." 수산나가 말했다. "그런 뜻이 아니에요. 제가 조지와 처음에 연애할 당시에 노란색 셔츠를 사준 적이 있었어요. 그이는 그 셔츠를 내가 준 중절모랑 같이 입는 걸 좋아했어요. 그런데 신혼여행에서 짐을 분실해 셔츠와 중절모도 그때 잃어버렸죠. 내가 그 셔츠를 입고 모자를 쓴 그의 모습을 무척 좋아한다는 걸 그이도 그때 이미 알고 있었지만, 우리는 결국 다시 새것을 사지는 않았어요."

"크리스티나가 그 옷과 모자에 대한 재미있는 이야기들을 많이

들었던 모양입니다." 내가 말했다. "부모님의 연애시절 에피소드들에 대해서도….'

"아니라니까요." 그녀가 웃었다. "이 점이 신기한 거예요. 그 이야기는 우리 둘만의 작은 비밀이었거든요. 다른 사람이 듣기에 얼마나 우스꽝스러운지 우리는 잘 알고 있었어요. 그 셔츠와 중절모를 잃어버린 후에 우리는 그것에 관한 이야기를 꺼낸 적이 없어요. 크리스티나는 우리한테서 그 이야기를 눈곱만큼도 들은 적이 없어요. 크리스티나는 죽는 걸 겁내고 있었는데, 지금은 두려워할 게 전혀 없다는 것을 알게 되었어요.'

내가 문헌들을 읽으면서 발견하게 된 것은, 그때 수산나가 말해준 내용은 꿈 인증의 일종으로서 상당히 자주 일어나는 현상이라는 것이다. 하지만 그 전화 통화 당시의 나는 임사체험이 있기 전이었고, 수산나가 해준 이야기는 슬픔에 따라 유발된 꿈이라고 확신하고 있었다. 의사생활을 하면서 나는 혼수상태나 수술 도중에 특이한 경험을 했다고 말하는 환자들을 수차례 접해왔다. 그들 중의 누군가가 수산나와 비슷한 종류의 경험을 이야기할 때마다 나는 항상 호의적으로 대했다. 게다가 나는 그런 체험들이 실제로도 일어났다고 믿고 있었다. 다만 나는 그것이 그들의 머릿속에서 일어난 것일 뿐이라고 보았다.

뇌는 우리 몸의 가장 세련된, 그리고 가장 변덕스러운 기관이다. 산소공급의 수준을 몇 토르(압력 단위)만 낮추거나 이것저것 조금만 조정해도 그 뇌의 주인은 현실이 변형되는 경험을 하게 된다. 더 정확히 말하면, 그들이 개인적으로 경험하는 현실이 그렇게 될 뿐이다. 뇌질환 환자가 처방받는 모든 약물, 그리고 그의 모든 신체적 외상들까지 다 합쳐보라. 이런 환자들이 다시 정신을 찾았을 때 무언가가 기억난다고 한다면, 아마도 그 기억들이라고 하는 것은 꽤나 특이한 내용일 공산이 크다. 뇌에 치명적인 세균 감염이 있었거나 향정신성 약물이 투여되었을 때에는 *어떤 일이*든 일어날 수 있다. 물론 어떤 일이든 일어날 수 있지만 내가 혼수상태에서 경험했던 초강력 현실만은 여기에서 *제외된다.*

그때 수산나가 내게 전화했던 것은 단순히 위안을 받기 위해서가 아니었다. 이 사실이 문득 너무나 명확하게 이해되면서 나는 움찔했다. 그녀는 오히려 진심으로 나를 위로해주려고 했던 것이 확실했다. 하지만 나는 이것을 알 수가 없었다. 나는 그저 적당히 수동적인 자세로 그녀의 이야기를 들어주면서, 이렇게 함으로써 내가 수산나를 위해 친절을 베풀고 있다고 믿었었다. 하지만 그게 아니었다. 그때의 대화뿐만 아니라, 그와 유사한 종류의 다른 수많은 대화를 돌이켜 회상해보니, 이번에 내가 했던 경험이 실제 현실이었다고 동료 의사들을 설득하려면 앞으로 가야 할 길이 멀다는 것을 깨닫게 되었다.

31장

믿는 사람들, 절대 믿지 않는 사람들, 중간의 사람들

> 영적인 세상을 끝내 신경활동 모형으로 설명해버리는 소
> 위 물질만능주의를 표방하는 과학적 환원주의는 인간이
> 라는 신비를 엄청나게 비하하고 있다.
> 우리는 물질계에 존재하는 뇌와 육체를 가진 물질적 존
> 재인 것과 마찬가지로, 영계에 존재하는 영혼을 가진 영
> 적 존재임을 인정해야 한다.
> _존 C. 에클스

임사체험에 대해 말할 것 같으면, 세 개의 주요 진영이 있다. 우선 임사체험을 믿는 사람들이 있다. 이들은 직접 임사체험을 한 사람들이거나 아니면 그런 내용을 쉽게 받아들일 수 있는 사람들이다. 다음으로는 (과거의 나처럼) 확고한 불신자들이 있다. 하지만 이들은 대체로 스스로를 불신자로 규정하지는 않는다. 그들은 뇌가 의식을 형성한다는 사실을 '안다'고 생각하면서, 육체를 벗어나 있는 마음 따위가 있다는 허튼 생각들은 절대 받아들이지 않겠다는 사람들이다(내가 그날 수산나를 위해 그랬듯이 그들이 친절하게 누군가를 위로해주는 경우가 아닌 한).

그리고 중간에 있는 사람들이 있다. 개중에는 임사체험을 직간접으로 경험한 온갖 종류의 사람들이 있다. 관련 책을 읽었거나 임사체험을 경험한 친구나 친지를 둔 사람들(이런 경우가 굉장히 많다)

이다. 이러한 중간자적 사람들에게 나의 이야기가 도움이 될 수 있다고 믿는다. 임사체험이 가져다주는 새로운 정보는 인생을 변화시킨다. 하지만 임사체험에 대해 열린 마음을 지닌 사람이 의사나 과학자(이들은 우리 사회에서 무엇이 실제이고 무엇이 실제가 아닌지를 알려주는 공식적인 문지기들이다)에게 이것을 물어보면, 대부분 임사체험은 환상에 불과하다는 정중하고도 분명한 대답을 듣게 된다. 즉 생명을 이어가려고 매달리는 뇌가 일으키는 부산물, 그 이상도 이하도 아니라는 것이다.

임사체험을 경험한 의사로서, 나는 이와 다른 답을 내놓을 수 있다. 또한 생각하면 할수록 이렇게 해야 할 의무가 있다고 느낀다.

나는 나에게 일어난 경험에 대해 내 동료들이, 그리고 과거의 내가 제시했을 그런 '설명'들을 하나씩 하나씩 반박했다(더 자세한 사항은 내가 작성한 부록 B의 신경과학적 가설들을 참조할 것).

나의 체험은 말기 환자의 고통을 덜기 위해 자연발생적으로 나타난 원시적 뇌간의 프로그램이었을까? 예컨대 낮은 단계의 포유동물이 사용하는 '죽은 척하기' 전략의 흔적이었을까? 나는 이 가설을 곧바로 무시했다. 나의 경험들은 시각적·청각적 면에서 고도로 정교한 수준이었고 매우 높은 단계의 의미들이 인지되었으므로, 나의 파충류적 뇌 부위에서 발생했으리라고는 도저히 볼 수 없었기 때문이다.

그렇다면 정서적 인지능력을 담당하는 변연계의 깊은 곳에서 올라온 왜곡된 기억의 단편들이었을까? 이번에도 그렇지 않다. 기능하는 신피질의 도움 없이 변연계는 내가 경험했던 것과 같은 선명하고 논리적인 이미지들을 만들어낼 수 없기 때문이다.

그 당시 내게 투여된 여러 약물로 인해 발생한 환각현상이었을까? 이 경우에도 마찬가지로, 모든 약물은 신피질의 수용작용을 통해서만 작용한다. 그런데 신피질이 기능하지 않는 상태였기 때문에 약물이 효과를 드러낼 만한 캔버스가 없었던 셈이다.

렘 방해REM intrusion일 가능성은 없을까? 이는 세로토닌 같은 자연 신경전달물질이 신피질의 수용기와 상호작용을 하는 ('급속 안구 운동rapid eye movement' 또는 꿈들이 나타나는 단계의 렘수면과 관련된) 증후군의 명칭이다. 미안하지만 이것도 아니다. 렘 침범이 일어나려면 신피질의 작동이 필요하지만 내 경우에는 그것이 작동하지 않았다.

그렇다면 '디메틸트립타민 폐기물DMT dump'이라고 알려진 가설적 현상을 생각해볼 수 있다. 이는 뇌에 대한 위협을 감지한 송과샘이 스트레스에 대한 반응으로서 DMT(또는 N,N-dimethyltriptamine)라는 물질을 분비하는 경우이다. DMT의 구조는 세로토닌과 유사해서 극도로 강렬한 환각상태를 불러일으킬 수 있다. 나는 DMT를 개인적으로 체험해본 적이 없으며 아직도 그렇다. 하지만 그것이 지극히 강력한 환각체험을 가져올 수 있다고 말하는 이들에게 동의한다. 어쩌면 그런 체험 속에는 의식과 현실이라는 것이 과연 무엇인지를 이해하는 데에 도움이 되는 요소가 있을지도 모르겠다.

어쨌거나 DMT가 영향을 미칠 수 있는 뇌의 부위(신피질)가 내 경우에는 영향을 받을 수 없는 상태였다는 사실에는 변함이 없다. 따라서 내게 일어난 일을 '설명해주는' 관점에서 본다면, DMT-dump 가설은 다른 모든 가설과 마찬가지로 그리고 동일한 이유로 인해 설득력이 없었다. 환각제들은 신피질에 영향을 미치는데, 나의 신피질은 영향을 받을 수 있는 상태가 아니었다.

내가 검토한 마지막 가설은 '재부팅 현상'이었다. 이 가설은 나의 경험을, 대뇌피질이 완전히 다운되기 전에 근본적으로 연결되지 않은 채 남겨져 있던 기억들과 생각들의 집합체로써 설명하는 방식이다. 전체 시스템이 고장 나면 컴퓨터를 재부팅해 가능한 수준에서 정보들을 저장하듯이, 나의 뇌가 이러한 비트들의 잔재로부터 가능한 단편들을 모아놓아 경험들을 재구성했다는 것이다. 뇌막염이 넓게 퍼진 내 경우에서처럼, 전체 시스템이 오랫동안 고장 나 있었던 상태에서 대뇌피질을 다시 재부팅하여 의식을 회복했을 때 이런 일이 발생할 수 있을 것이다. 하지만 나의 정교한 기억들이 지닌 복잡함과 상호작용성을 볼 때 이 또한 거의 개연성이 없었다.

나는 영적 세계에서의 시간이 갖는 비선형적 특성을 너무나 강렬하게 경험해보았기 때문에, 영적인 차원에 대한 글들이 우리의 지구적 관점에서는 왜 이상해 보이는지 또는 그저 난센스로만 느껴지는지를 이제 이해할 수 있게 되었다. 우리 세계를 넘어서 있는 세계들에서 시간은 동일한 방식으로 작동하지 않는다. 거기서는 사건들이 반드시 순차적으로 일어나지도 않는다. 한순간이 한 평생처럼 느껴질 수도 있고, 하나의 혹은 여러 생애가 한순간처럼 느껴지기도 한다. 하지만 비록 시간이 정상적으로(우리 식 용어로) 작동하지는 않을지라도 그렇다고 해서 뒤죽박죽이라는 뜻은 아니다. 혼수상태에 있을 때 경험했던 것들에 대한 나의 기억은 결코 뒤죽박죽이지 않다.

시간과 관련해서 봤을 때, 내 경험 중에서 가장 이 세상과 연결되었던 시점은 수전 라인티에스가 넷째 날과 다섯째 날 밤에 나와 심령적으로 접촉했을 때와, 내 여정의 마지막 무렵에 여섯 사람의 얼굴이 보였을 때였다. 이것 이외에 지상의 사건과 그 너머의 나의 여정 사이에 어떤 시간적 동시성으로 보이는 것이 있다면 그것은 순전히 추측에 의한 것이라고밖에는 할 수가 없다.

내가 어떤 상태에 있었는지를 더 많이 파악하려 하거나, 내게 일어난 일을 기존의 과학적인 방식으로 설명하려 할수록 나는 보기 좋게 실패했다. 모든 것, 즉 나의 시야가 이상하리만치 선명했고, 내 생각들은 순수한 개념적 흐름으로서 아주 분명했다는 점 등은 나의 뇌 작동이 더 낮은 수준이 아니라 더 높은 수준에서 기능했음을 암시했다. 그런데 고등기능을 하는 나의 뇌는 그 작업을 할 수 없는 상태였다.

임사체험에 대한 소위 '과학적' 설명들을 읽어보면 볼수록, 속이 뻔히 들여다보이고 설득력이 없다는 점이 느껴져서 그저 놀랍기만 했다. 그런데 유감스럽게도, 과거의 '나'에게 누군가 임사체험에 대한 설명을 요구했더라면 아마도 정확히 그런 방식으로 설명을 해주었으리라는 것을 인정하지 않을 수 없었다.

하지만 의사가 아닌 사람들은 이런 것을 알 턱이 없었다. 내가 경험한 것을 다른 일반인이 경험했더라면 그 사실만으로도 충분히 주목받았을 것이다. 하지만 다름 아닌 나에게 그 일이 일어났다는 것은… 사실 '어떤 이유가 있어서'라고 말하는 것은 나를 좀 불편하게 만들었다. 전형적인 의사였던 나는 이런 말이 얼마나 웃기고 거창하게 들리는지 충분히 알고 있었다. 하지만 내가 여기에 전혀 믿지 않는 온갖 세세한 사항들을 덧붙이고 나자(특히 대장균성 뇌막염이라는 질병이 대뇌피질을 억제하는 데에 얼마나 효과적인지, 그리고 거의 확실하게 파괴된 상태로부터 내가 신속하고도 완전히 회복하게 된 점을 고려했을 때), 나는 이 사건이 진실로 어떤 이유가 있어서 일어난 일일 가능성을 진지하게 고려하게 되었다. 그래서 내 이야기를 알리는 것에 대해 더욱더 책임감을 느끼게 되었다.

나는 내 전공 분야의 최신 연구들을 늘 따라잡고 있으며 내가 추가로 기여할 수 있는 바가 있을 때는 그렇게 해왔다고 자부한다. 내가 이 세상에서 벗어나 다른 세상으로 로켓처럼 돌진하게 되었다는 사실은 분명히 하나의 뉴스(의학적인 면에서 진정한 뉴스)

라고 할 만했기에 이제 내가 돌아온 이상, 이 사실을 적당히 덮어 둘 수는 없었다. 의학적 관점에서 볼 때, 내가 완전히 회복되었다 는 것은 전혀 있을 수 없는 일이어서, 기적이라고 밖엔 설명할 도 리가 없다. 그런데 진짜 중요한 이야기는 내가 다녀왔던 곳에 관 한 이야기이다. 나는 과학자이자 과학적 방법을 깊이 존중하는 사 람으로서뿐만 아니라, 치유자로서 이 이야기를 해야 할 의무가 있 다. 실제로 일어난 사실에 관해 이야기하는 일은 의료행위 못지않 게 치료효과가 있을 수 있다. 수산나는 그날 내게 전화했을 때 이 사실을 알고 있었다. 나 또한 친부모의 소식을 다시 듣게 되었을 때 그런 것을 경험했었다. 그런데 이번에 내게 일어난 사건 역시 도 사람을 치유할 수 있는 그런 뉴스라고 할 수 있다. 이런 소식을 사람들과 함께 나누지 않는다면 나는 과연 치료사의 자격이 있겠 는가?

혼수상태에서 깨어난 지 대략 2년이 지난 후에, 나는 세계적으 로 권위 있는 신경과학과의 과장으로 재직 중인 가까운 친구이자 동료를 방문했다. 나는 존(가명)을 수십 년 전부터 알아왔고 그를 훌륭한 인격을 갖춘 일류 과학자라고 여겨왔다.

내가 존에게 혼수상태에서 경험한 일들을 일부 들려주었을 때 그는 몹시 놀라는 기색이었다. 내가 이상해졌다고 느껴서 놀란 것 이 아니라, 오랫동안 품어왔던 어떤 의문이 마침내 이해가 돼서 그러는 듯했다.

알고 보니 1년 전쯤의 일이었다. 5년째 병을 앓고 있던 존의 아버지가 임종이 가까워지고 있었다. 그는 몸을 정상적으로 쓸 수 없었고, 치매와 통증 때문에 빨리 죽고 싶어 했다.

"부탁이야." 그의 아버지가 존에게 애원했다. "약물이든 뭐든 좀 갖다 줘. 더는 이대로는 못 살겠어."

그러던 아버지가 자신의 인생과 가족에 대해 깊이 생각하더니 지난 2년간의 그 어느 때보다도 갑자기 더 총명한 모습을 보였다. 그러고 나서는 침대 발치의 허공을 바라보며 누군가와 대화를 하기 시작했다. 이야기를 듣고 있던 존은, 65년 전 아버지가 십대였을 때 돌아가신 할머니와 대화하고 있다는 것을 알아차렸다. 아버지는 그동안 존에게 할머니에 관한 이야기를 거의 한 적이 없었는데, 지금은 할머니와 유쾌하고 활발하게 대화를 나누고 있었다. 존은 할머니를 볼 수는 없었지만 그녀의 영이 그곳에 와 있었고 아버지의 영이 집으로 돌아오는 것을 반기고 있었다고 전적으로 확신했다.

그렇게 몇 분이 흐른 후에 존의 아버지는 완전히 새로운 눈빛으로 고개를 돌려 그를 바라보았다. 아버지는 미소를 짓고 있었으며, 존이 결코 본 적이 없는 지극히 평화로운 모습이었다.

"아버지, 주무세요." 존은 자기도 모르게 이렇게 말했다. "이젠 다 놓으세요. 괜찮아요."

아버지는 그의 말을 따랐다. 눈을 감고서 오롯이 평화로운 얼굴로 잠이 들었다. 그리고 얼마 지나지 않아 사망했다.

존은 아버지가 돌아가신 할머니와 실제로 만났다고 느꼈었는데, 이를 어떻게 해석해야 할지 몰랐다. 왜냐하면 그는 의사로서 이런 일이 '불가능'하다고 알고 있었기 때문이다. 존이 아버지에게서 보았던 것처럼, 치매에 걸린 노인이 사망하기 얼마 전에 놀라울 정도로 의식이 명료해지는 경우를 본 사람들이 많이 있다 (이것을 '말기 명료terminal lucidity'라고 한다). **이런 현상**을 설명해주는 신경과학적 이론은 존재하지 않는다. 나의 이야기를 듣고 난 그는 오랫동안 누군가에게 바라왔던 특별한 면허를 얻은 것 같았다. 직접 눈으로 본 것을 믿어도 된다고 허락해주는 그런 면허 말이다. 우리의 영원한 영적 자아는 물리적 세계에서 인식되는 그 무엇보다도 더 실재하며, 창조주의 무한한 사랑과 신성하게 연결되어 있다는 심오하고 위안을 주는 이 진실을 알 자유를.

32장

비로소, 신을 알게 되다

인생을 살아가는 데에는 두 가지 방식만이 있다.
하나는 기적이 어디에도 없다고 보는 것이고,
다른 하나는 모든 것이 기적이라고 보는 것이다.

_알베르트 아인슈타인

2008년 12월이 되어서야 나는 성당을 방문하게 되었다. 홀리가 강림절의 두 번째 일요일 날에 봉사를 하라고 나를 설득한 터였다. 나는 아직 몸이 허약하고, 조금은 균형 잡히지 못한, 야윈 상태였다. 우리는 첫째 줄에 앉았다. 마이클 설리번이 그날 의식을 거행했는데, 내게로 와서 강림절 화환의 두 번째 촛불을 켜지 않겠느냐고 물었다. 내키지 않았지만 마음속에서 그냥 해보자는 생각이 들었다. 일어나 황동폴을 짚고, 의외로 쉽게 교회 앞쪽으로 성큼성큼 걸어갔다.

육체를 벗어나 있던 시간에 대한 기억이 아직 그대로 생생한 상태였는데, 예전에는 별다른 감흥을 받지 못했던 이곳에서 잠시 주변을 살펴보니 아름다운 장식들과 음악이 그때의 기억들을 한꺼번에 다시 떠오르게 하는 듯했다. 베이스 노트의 강한 리듬을 들으니, 지렁이 시야의 세계에서 힘들었던 역경이 연상되었다. 스테인드글라스 창의 구름과 천사들을 보니 아름다운 천상 같았던 관문의 광경이 보이는 듯했다. 제자들과 빵을 나눠 먹고 있는 예수의 모습을 그린 그림에서는 중심근원에서 경험한 영적 교감이 떠올랐다. 그때 맛보았던 조건 없는 무한한 사랑의 은총이 다시 생각나자 온몸이 떨려왔다.

마침내 나는 종교가 의미하는 바가 무엇인지, 적어도 그것이 표방하는 바가 무엇인지를 이해할 수 있었다. 나는 신을 믿게 되었다기보다는, 신을 알게 되었다. 영성체를 받기 위해 절뚝이며 제단으로 가는 동안, 내 뺨 위로는 눈물이 흘러내렸다.

33장

의식이라는 수수께끼

진리를 구하는 진정한 구도자가 되려면
사는 동안 적어도 한 번쯤은 일체의 모든 것을
최대한 의심해볼 필요가 있다.

_르네 데카르트

신경과학 지식이 전적으로 다 돌아오기까지는 약 두 달이 걸렸
다. 지식이 다시 돌아왔다는 기적적인 사실을 잠시 미뤄두고서라
도(나의 경우에서처럼 뇌가 장기간에 걸쳐 대장균 같은 그램 음성 박테리아
에 의해 심각하게 공격을 받고 나서, 다시 완전히 회복된 전례는 여전히 찾아
볼 수 없었다), 일단 지식이 돌아온 후부터 나는 그 7일간의 경험이,
내가 40여 년간 인간의 두뇌에 대해, 우주에 대해, 무엇이 실제를
구성하는지에 대해 배워왔던 모든 내용과 맞지 않는다는 사실 때
문에 씨름해야만 했다.

혼수상태에 빠졌을 당시, 나는 세계적으로 권위 있는 연구기관
들에서 평생을 보낸 속세의 의사였으며, 인간의 뇌와 의식의 관계
를 연구하는 사람이었다. 의식을 믿지 않았다는 뜻이 아니라, 의
식이라는 것이 (전적으로!) 독립적으로 존재한다는 주장이 얼마나

논리적으로 말이 안 되는지에 대해 일반인보다 조금 더 잘 파악하고 있었다는 뜻이다.

1920년대에 베르너 하이젠베르크라는 물리학자(그리고 그 밖의 다른 양자역학의 선구자들)가 발견한 원리는 참으로 이상한 내용이어서 세상은 아직도 이것을 다 이해하지 못하고 있다. 원자 속에서 발견되는 현상들에서는, 관찰자(즉 실험을 하는 과학자)와 관찰대상을 완전히 분리하는 것이 불가능하다. 우리의 일상 속에서는 이런 사실을 놓치기가 쉽다. 우리가 보는 세상에서는 별개로 분리된 사물들(테이블, 의자, 사람, 행성 등)이 어쩌다가 상호작용을 하지만, 근본적으로는 분리된 상태이다. 하지만 원자 이하의 수준에서는 분리된 사물들로 구성된 세계라는 것은 환상에 불과하다. 극미한 차원의 영역에서는 물리적 우주의 모든 사물이 다른 사물들과 아주 가깝게 연결되어 있다. 사실, 세계에는 그 어떤 '사물들'도 실제로 있지 않고 다만 에너지의 진동과 상호작용들만이 존재한다.

이것이 의미하는 바가 더 명백히 드러났어야 했는데, 대부분 사람에게는 그러하지 못했다. 의식을 배제한 채로 우주의 핵심적인 진실을 추구하는 것은 불가능하다. 의식은 (내가 과거에 생각했듯이) 물리적 과정의 하찮은 부산물에 불과한 것이 아니다. 의식은 매우 실제적일 뿐만 아니라 여타의 물리적 세상보다도 더 *실제적*이며, 필시 그 모든 것의 근본이다. 그런데도 이런 통찰들은 아직 실재에 대한 과학적 이해의 틀 속으로 통합되지 못했다. 많은 과학자가 이러한 통합을 시도했지만 아직은 양자역학과 상대성 이론을 결합해 의식을 통합적으로 제시하는 '모든 것의 이론Theory of everything'이 존재하지 않는다.

물리적 우주의 모든 물체는 원자로 구성되어 있다. 원자는 양성자, 전자, 중성자로 구성되는데 이것들은 (20세기 초반에 물리학자들이 발견한 바에 따르면) 모두 입자들이다. 그런데 입자들이 무엇으로 구성되어 있는지는… 물리학자들도 솔직히 잘 모른다. 하지만 입자에 대해 우리가 알고 있는 한 가지는 이 우주 속에서 각각 입자는 다른 입자와 연결되어 있다는 사실이다. 가장 깊은 수준에서 볼 때, 모든 입자는 서로 연결되어 있다.

저 너머를 경험하기 전에도 나는 이런 현대물리학의 개념들을 전반적으로 알고 있었지만 나와는 상관없는 것으로만 느꼈었다. 내가 살아 움직이는 이 세상(자동차와 집과 수술대와 환자들이 있고, 나의 수술이 성공적이냐 아니냐에 따라 그들의 상태가 호전되는 그런 세상) 속에서 아원자 단위의 물리학은 내 삶과 동떨어진 것이었다. 그런 이론이 사실일지는 몰라도 나의 일상과는 무관했다.

그런데 육체를 떠났을 때 나는 이 사실들을 직접 경험하게 되었다. 사실 나는 자신 있게 말할 수 있다. 관문 그리고 중심근원에 있었을 때 나는 미처 생각지도 못한 상태에서 사실상 '과학 분야의 일을 행하고' 있었다고. 이 과학은 우리가 가진 가장 진실하고 정교한 도구에 의존하고 있는데 이 도구가 바로,

의식 그 자체이다.

　파고들면 들수록 나는 이 발견이 단순히 흥미롭거나 극적인 것이 아니라는 것을 확신하게 되었다. 그것은 *과학적*이었다. 대화상대가 누구냐에 따라, 사람들은 의식을 과학적 탐구가 직면한 최고의 신비로 여기거나, 아니면 아무것도 아닌 것으로 취급하거나 둘중의 하나였다. 놀라운 것은 참으로 많은 과학자가 후자의 관점을견지한다는 점이다. 많은 수의, 어쩌면 대부분 과학자가 의식 그자체를 신경 쓸 만한 대상이라고 여기지 않는 것은 그것을 그저물리적 과정의 부산물에 지나지 않는다고 보기 때문이다. 많은 과학자가 여기서 더 나아가, 의식은 부차적인 현상일 뿐만 아니라, *실재하지*조차 않는다고 말한다.

　그러나 의식의 신경과학과 심리철학 분야의 리더들 상당수는달리 생각하고 있다. 지난 수십 년 사이에 이들은 '의식이 절대 간단하지 않은 문제임'을 인정하기에 이르렀다. 수십 년 동안 이에대한 문제의식이 점점 커졌는데, 1996년에 이르러 데이비드 차머스가 쓴 《의식적인 마음The Conscious Mind》이라는 훌륭한 책을 통해 더욱 명확하게 제시되었다. 난제의 핵심은 의식이라는 것이 존재한다는 사실 그 자체이며, 그것은 다음의 질문들로 요약된다.

　인간의 뇌기능으로부터 어떻게 해서 의식이 발생하는가?

　의식은 그에 수반되는 행동과 어떤 관계가 있는가?

　인식된 세상과 실제 세상은 어떤 관계인가?

이 난제를 풀기가 너무 어려워서 어떤 이들은 그 해답을 '과학'의 외부에서 찾아야 한다고 여긴다. 하지만 해답이 현재의 과학 바깥에 있다고 해서 의식이라는 현상이 조금이라도 하찮아지는 것은 아니다. 이것은 오히려 의식이라는 것의 불가해하고 심오한 역할에 대한 단서를 제공해주고 있다.

물리적 영역에만 토대를 둔 과학적 방법론이 지난 400년간 점점 더 많은 영향력을 행사해왔다는 사실이 가장 큰 문제이다. 그 결과 우리는 존재의 핵심을 이루는 깊은 신비, 즉 우리 의식과의 접촉을 상실해버렸기 때문이다. 근대 이전의 종교들은 그네들이 다양한 명칭과 상이한 세계관들을 통해 표현한 이 신비를 잘 인식하고 있었고 가까이하고 있었지만, 우리의 서구 문화는 현대 과학기술의 힘에 점점 현혹되면서 이것을 잃어버렸다.

서구 문명이 이룩한 그 모든 성공을 위해 세상은 아주 비싼 대가를 지불해야만 했다. 존재의 가장 중요한 요소인 인간의 영성을 상실한 것이다. 첨단기술의 어두운 그늘(현대전, 무차별 살인, 자살, 도시 황폐, 생태계 혼란, 기후 대격변, 경제의 양극화 등)은 이미 충분히 문제를 드러냈다. 더 심각한 것은, 과학기술의 기하급수적인 발전에만 초점을 맞추는 문화로 인해 많은 사람이 삶의 의미와 기쁨을 상실했고, 우리의 삶이 존재의 장엄한 체계와 영원히 조화를 이룬다는 것을 알지 못하게 되었다는 점이다.

기존의 과학적 방법으로는 영혼과 사후세계, 환생, 신, 천상 등에 관한 질문에 답하기가 어려워졌다. 그런 것은 존재하지 않는다고 전제되기 때문이다. 마찬가지로 '표준화된' 과학적 연구방법은 원격투시, 초능력, 염력, 신통력, 텔레파시, 예지능력과 같은 확장된 의식의 현상을 끝끝내 배제하고 있다. 혼수상태에 빠지기 전에 내가 이런 것들의 사실성을 의심했던 주된 이유는, 내가 제대로 경험한 적이 없었기 때문이기도 하지만 나의 단순한 과학적 세계관으로는 설명할 수 없었기 때문이었다.

수많은 과학적 회의론자들이 그러하듯이, 나는 이들 현상과 관련된 해당 데이터들을 검토하는 일조차 거부했었다. 나의 한정된 관점으로는 그런 일들이 실제로 일어날 수 있다는 사실을 전혀 감도 잡지 못했기 때문에, 그런 데이터나 데이터를 제공해주는 사람들을 편견으로 속단했었다. 확장된 의식이 있다는 증거가 없다고 주장하는 이들은, 압도적인 증거들에도 불구하고 이를 의도적으로 무시하려고 하는 사람들이다. 사실을 살펴보려는 노력도 하지 않으면서 진실을 안다고 믿고 있는 격이다.

과학적 회의론의 덫에 걸려 있는 이들에게 나는 2007년에 출간된 《환원될 수 없는 마음: 21세기 심리학을 향하여Irreducible Mind: Toward a Psychology for the 21st Century》를 읽어보라고 권한다. 이 책은 엄격한 과학적 분석 때문에 유체이탈 의식에 대한 증거를 적절하게 제시하고 있으며, 버지니아대학교에 소속된 지각연구학부Division of Perceptual Studies라는 아주 명망 있는 그룹의 랜드마크

작품이다. 책에서 저자들은 관련 주제에 대한 데이터를 총망라해서 제시하고 있으며 우리가 피해갈 수 없는 결론을 내놓고 있다. 결론인즉슨, 이러한 현상들은 실제로 일어나고 있으며 우리 존재의 진실을 알고자 한다면 반드시 이러한 현상들의 실상을 이해하기 위해 노력해야 한다는 것이다.

우리는 과학세계의 시야가 '모든 것의 이론TOE'에 빠르게 접근하고 있다는 믿음에 현혹되어, 영혼이나 영성, 천상과 신에 대해 여지가 없다고 생각할 수도 있다. 하지만 나는 혼수상태에서의 여정을 통해 이 낮은 수준의 물리적 세계를 떠나 전능한 창조주의 지고의 거주처를 방문함으로써 우리 인간의 지식수준과 경외로운 신의 차원 사이에는 어마어마한 간격이 있음을 알게 되었다.

우리 각자는 무엇보다도 자신의 의식에 가장 익숙한데도 불구하고, 의식의 메커니즘보다는 외부 세상에 대해 더 많이 알고 있다. 의식은 우리에게 *너무나* 가까운 것이어서 그것을 포착하기가 거의 불가능하다. 물질계의 물리학(쿼크, 전자, 광자, 원자 등)이나 뇌의 어떤 복합적인 구조로도 의식의 메커니즘을 결코 설명할 수 없다.

사실상 우리가 의식을 지닌 존재라는 이 *심오한 신비*야말로 정신세계의 진실을 설명해주는 최고의 단서이다. 이는 물리학자나 신경과학자들이 다룬 그 어떤 것보다도 더 신비로운 발견이었지만, 그들이 이것을 제대로 다루지 못하면서 의식과 양자역학(물리적 현실) 사이의 밀접한 관계가 불투명하게 남겨졌다.

우주를 정말 깊이 있게 탐구하고자 한다면 우리는 실재를 묘사하는 데 있어서 의식이 하는 근본적인 역할을 밝혀내야 한다. 양자역학의 실험들은 이 분야의 원로들에게 충격적이어서 이들의 상당수(그중 일부만 언급하자면 베르너 하이젠베르크, 볼프강 파울리, 닐스 보어, 에어빈 슈뢰딩거, 제임스 진스가 있다)는 답을 찾기 위해 신비주의적 세계관에 관심을 기울이게 되었다. 이들은 실험자와 실험대상을 분리하는 것이 불가능하고 의식을 배제한 채로 현실을 설명할 수 없음을 깨달았다. 내가 저 너머에서 발견한 사실로, 우주는 묘사할 수 없을 정도로 거대하고 복합적이라는 것과, *의식*이야말로 존재하는 모든 것의 토대라는 점이다. 어찌나 의식에 완전히 연결되었던지, 때로는 '나'와 내가 속해 있는 세상이 거의 구분되지 않을 지경이었다. 크게 요약해서 다음과 같이 말하겠다.

첫째로, 당장 우주의 가시적인 부분만을 보더라도 우주는 우리가 느끼는 것보다 훨씬 더 광대하다. (기존의 과학은 이미 우주의 96퍼센트가 '암흑물질과 에너지'로 구성되어 있다고 밝히고 있다는 점에서 이것은 그다지 혁명적인 통찰은 아니다. 이러한 암흑물질의 실체는 무엇인가?• 아직은 아무도 모른다. 하지만 내 경험을 특이하게 만들어준 것은 의식 또는 영의 역할이 아주 근본적이라는 사실을 내가 직접적인 방식으로 경험해서 충격을 받았었다는 점이다. 나는 그때 이 사실을 이론적으로 배운 것이 아니라 마치 북극의 강한 바람이 얼굴에 달려들듯 너무나 직접적이고 압도적인 방식으로 깨달았다.)

둘째로, 우리는 모두 각자 더 큰 우주 속에 복잡하게, 빠져나올 수 없는 방식으로 서로 연결되어 있다. 더 큰 우주가 우리의 진정한 고향이다. 지금의 물질계가 유일하게 중요한 것으로 생각하는 일은 마치 스스로를 작은 벽장 안에 가둬놓고 바깥에는 아무것도 없다고 상상하는 일과도 같다.

셋째로, '정신력의 문제mind-over-matter'를 뒷받침 해주는 데 있어서 믿음의 힘이 지극히 중요하다. 학생시절에 나는 플라세보 효과의 놀라운 영향력을 보면서 어리둥절할 때가 많았다. 환자들의 30퍼센트는 아무런 작용이 없는 물질임에도 불구하고 해당 약물이 자신의 증세를 호전시킨다는 믿음 때문에 실제로 효과를 보고 있다는 연구결과가 나왔다. 그런데 의사들은 믿음의 힘을 이해하고 이것이 건강에 어떻게 영향을 미치는지를 보려고 하는 대신에, '물컵의 절반이 비어 있다'라고만 보았다. 즉, 어떤 약물의 효과를 증명하는 데 플라세보 효과가 하나의 장애라고만 판단하고 있었다.

- 70퍼센트를 구성하는 '암흑에너지'는 1990년대 중반 천문학자들이 발견한 최고로 신비로운 에너지이다. 이것은 지난 50억 년 동안 우주는 무너지고 있다(모든 우주공간의 팽창이 가속화되고 있다)는 반박의 여지가 없는 사실이 제1종 a형 초신성Type Ia supernovas에 근거해서 밝혀짐으로써 가능한 발견이었다. 나머지 26퍼센트는 '암흑물질'로서, 지난 수십 년에 걸쳐 발견된 은하들과 은하성단의 회전에서 드러난 이례적인 '초과' 중력을 말한다. 과학자들은 이 것을 설명해내겠지만 그 이면에 있는 신비들은 끝없이 나타날 것이다.

양자역학이 나타내는 수수께끼의 핵심에는 우리의 시간개념과 공간개념이 허위라는 사실이 있다. 우주의 나머지가 즉, 우주 대부분이 실제로는 우리로부터 공간적으로 멀리 떨어져 있지 않다. 물론 물리적 공간은 실제로 존재하는 것처럼 보이지만 거기에도 한계가 있다. 물리적 우주의 전체 시간과 크기는 그것을 발생시킨 영적 영역(의식의 영역)과 비교해보면 정말 아무것도 아니다(이 의식의 영역을 어떤 이들은 '생명력life force'이라고 지칭하기도 한다).

그런데 이 더 큰 우주는 결코 '저 멀리'에 있지 않다. 사실은 바로 여기에 있다. 내가 이 문장을 쓰고 있는 바로 여기, 그리고 당신이 이 글을 읽고 있는 바로 거기에 있다. 물리적으로 멀리 떨어져 있는 것이 아니라 다만 상이한 진동수로 존재하고 있을 뿐이다. 그것은 바로 지금, 바로 여기에 있지만 그것이 드러나는 진동수에 우리가 대체로 열려 있지 않기 때문에 알아차리지 못할 뿐이다. 우리는 우리의 독특한 감각기관들로 둘러싸여, 원자 내의 양자에서부터 우주 전체에 이르기까지 우리의 지각에 비례해서 축소된, 우리에게 익숙한 시간과 공간의 차원 속에서 살아간다. 이러한 차원들은 그 안에 많은 해당 내용을 포함하고 있지만 그와 동시에 다른 차원들로부터 우리를 차단하는 역할도 하고 있다.

고대 그리스인들은 오래전에 이 모든 것을 발견했는데, 나는 그들이 이미 알아차린 어떤 것을 이제야 겨우 발견하고 있었다. 즉, 유사한 것만이 유사한 것을 이해할 수 있다는 사실을 말이다. 우주는 그 속의 어떤 차원이나 수준을 정말로 이해하려면 그 *차원의 일부가 되어야만 이해가 가능하게끔* 형성되어 있다. 혹은 조금 더 정확히 말하자면, 당신은 스스로 의식하지 못했을지라도 자기 안의 한 부분이 이미 우주를 갖추고 있다는 사실을 기꺼이 받아들여야만 한다.

우주에는 시작이나 끝이 없으며, 우주의 모든 입자 속에는 신이 현존하고 있다. 사람들이 신과 높은 영적 세계들에 대해 말했던 거의 모든 내용은 인간적 수준의 눈높이로 그 세계를 격하시켜 말한 것들이지, 그 세계의 수준에 맞게 우리의 지각을 높여서 말한 것들이 아니었다. 우리의 불충분한 묘사로 그 세계의 경외로운 본성을 왜곡하고 있는 것이다.

그러나 우주가 비록 시작한 적이 없고 끝이 없을지라도 우주에는 구두점들이 있다. 이것의 목적은 존재들을 탄생시켜 신의 영광에 참여할 수 있게 하는 것이다. 우리의 우주를 발생시킨 빅뱅은 이와 같은 창조적인 '구두점'들의 하나였다. 옴의 관점은 옴의 모든 창조물을 포괄하며 심지어는 나의 상위 차원 관점조차 넘어선, 외부로부터의 관점이었다. 여기서는 본다는 것이 곧 안다는 것을 의미했다. 무언가를 경험하는 것과 내가 그것을 이해하는 것 사이에 아무런 구분이 없었다.

지상에 있는 우리가, 물질이 유일한 현실이고 나머지 모든 것들(생각, 의식, 관념, 감정, 영혼)은 그저 그로부터 만들어진 것이라고 믿었던 특히 나 같은 사람들이, 영적 우주의 본성에 대해 얼마나 눈이 멀었었는지를 이해하게 되면서, '내가 눈이 멀었다가, 지금은 보게 되었다(〈요한복음〉 9장 25절)'는 말의 진정한 의미가 새롭게 다가왔다.

이러한 발견은 내게 커다란 영감을 주었다. 왜냐하면 우리 모두 육체와 뇌를 뒤로한 채 그것의 제한된 특성과 결별하게 될 때 우리가 얼마나 놀라운 수준의 교감과 이해를 경험하게 될지를 깨달았기 때문이다.

유머. 아이러니. 연민pathos. 나는 이런 것들을 우리가 힘들고 부당한 세상에서 살아가기 위해 개발해낸 인간적 특징이라고 생각했었다. 그것은 사실이다. 그런데 이러한 특징들에는 위안의 의미만 있는 것이 아니라, 세상에서 우리의 투쟁과 고통이 어떠하든 간에 그것은 결코 우리의 진실한 더 큰 존재에 영향을 주지 못한다는 사실에 대한 인정recognitions(짧고 찰나적이라 할지라도 지극히 중요한)이 담겨 있기도 하다. 웃음과 아이러니는, 내심으로는 우리가 세상에 갇혀 있는 것이 아니라 여행자라는 사실을 기억하는 데에서 비롯된다.

또 다른 좋은 소식은 베일 뒤편을 얼핏 보기 위해 반드시 죽다시피 하지 않아도 된다는 점이다. 하지만 작업은 해야 한다. 책이나 자료들로써 이런 차원에 대해 배우는 일은 시작일 뿐이고, 결국 언젠가는 진리에 접근하기 위해 우리는 각자 기도나 명상으로 자신의 의식으로 깊이 들어가야 한다.

명상에는 다양한 형식들이 있다. 내 경우에는 버지니아주 페이버에 있는 먼로연구소 설립자인 로버트 A. 먼로가 개발한 방법이 가장 유용했다. 이들은 어떤 철학교리로부터도 자유롭기 때문에 확실히 유익한 면이 있었다. 먼로의 명상체계훈련에서 유일한 교리는 '나는 내 육체를 넘어선 그 이상의 존재'라는 인식이다. 이 단순한 인지에는 심오한 의미가 내포되어 있다.

먼로는 1950년대 뉴욕에서 라디오 방송 프로듀서로 성공한 사람이었다. 그는 수면학습 테크닉으로 오디오 녹음기술을 탐구하는 과정에서 유체이탈 경험을 하게 된다. 40년이 넘는 기간에 걸쳐 그가 상세하게 연구한 결과로 심층 의식을 강화하는 강력한 시스템이 개발되었고, 오디오 기술에 기반해 개발된 그의 시스템은 '헤미싱크Hemi-Sync'로 알려져 있다.

헤미싱크는 이완된 상태를 만들어줌으로써 선별적 자각능력을 고조시킬 수 있다. 하지만 그것은 그 이상의 것을 이뤄줄 수도 있다. 의식의 향상된 상태에 힘입어 우리는 깊은 명상이나 신비적 상태와 같은 또 다른 지각양식으로 진입할 수 있게 된다. 헤미싱크란 뇌파공명훈련의 기법으로서, 뇌파가 의식의 지각 및 행동심리학과 맺는 관계, 그리고 두뇌의 생리학과 맺는 관계를 포괄한다.

헤미싱크는 입체 음파의 특수한 패턴을 사용해서(양쪽 귀에 주파수를 살짝 다르게 해서) 동기화된synchronized 뇌파활동을 유도한다. 이러한 '스테레오binaural 비트'는 두 개의 주파수 신호 간 차이의 연산결과로 나타나는 주파수에서 발생한다. 아주 원시적이지만 고도로 정확한 뇌간의 타이밍 시스템은 보통 머리 주위의 수평면에서 음원을 포착localization해낼 수 있는데, 스테레오 비트들은 이러한 뇌간 타이밍 시스템을 이용해서 인접한 망상체 활성화계Reticular Activating System의 생물학적 사이클을 바꾸어준다. 망상체 활성화계는 뇌피질과 시상에 정기적으로 타이밍 신호를 보내는 역할을 한다. 이러한 신호들은 1에서 25헤르츠(Hz 또는 초당 사이클)의 범위에 해당하는 뇌파 동기화synchrony를 발생시킨다. 여기에는 인간의 정상적인 가청한계(20Hz) 이하의 중요한 영역들이 포함된다. 낮은 주파수 영역의 뇌파에는 델타파(4Hz 이하, 꿈 없는 깊은 잠), 세타파(4에서 7Hz 사이, 깊은 명상과 이완, 렘이 아닌 수면상태), 알파파(7에서 13Hz 사이, 렘수면 또는 꿈꾸는 상태, 잠의 경계에서 졸린 상태, 깨어 있는 이완상태)가 있다.

혼수상태에서 깨어난 이후로 이 모든 것을 이해해나가는 데 있어서, 헤미싱크는 나의 신피질의 전기활동을 전반적으로 동기화함으로써 물리적 뇌의 필터링 기능을 비활성화하는 하나의 적절한 수단이 되었다. 이것은 뇌막염으로 인해 뇌가 비활성화되었을 때 의식이 몸 밖으로 해방되는 결과가 나타났던 상황과 유사한 상태를 만들어주었다. 헤미싱크를 통해 나는 혼수상태에서 방문했던 영역과 유사한 영역을, 치명적인 질환에 걸리지 않고서도 다시 가볼 수 있었다고 믿는다. 그러나 어린 시절의 날아다니는 꿈에서처럼, 이것은 여정이 스스로 펼쳐지도록 *허락하는* 과정에 가까운 것이어서, 억지로 그 상태가 되려고 필요 이상으로 집중하거나 이 과정에 너무 집착하면 그것은 더는 작동하지 않았다.

전지하다all-knowing는 단어의 사용은 적절하지 않다고 느껴진다. 왜냐하면 내가 경외감을 느끼고서 목격했던 창조능력은 이름 붙일 수 있는 경지를 넘어선 것이었다. 일부 종교들이 신에게 이름을 붙이거나 신성한 선지자들을 묘사하는 것을 금지하는 데에는 그럴 만한 직관적 통찰이 있었음을 깨닫게 되었다. 신의 참된 진실은 인간이 신을 말로 또는 그림으로 묘사하려는 그 어떤 시도로도 결코 포착될 수 없기 때문이다.

나의 자각의식이 개별적 수준이면서도 동시에 우주와 완전히 합일되어 있었듯이, 내 '자아'의 경계도 때로는 수축되었다가 때로는 영원 속에 존재하는 모든 것을 포괄할 정도로 확장되었다. 때로는 나의 자각의식과 내 주변의 세계 사이에 경계가 너무나 흐려져서 내가 전 우주가 되어버리는 때도 있었다. 달리 표현하자면, 나는 그동안 내가 언제나 우주와 동일했다는 사실을 모르고 있다가 가끔씩 잠깐 그 사실을 알아차리곤 했다.

가장 깊은 수준에 도달한 내 의식을 설명하기 위해 내가 자주 쓰는 표현은 암탉의 알에 대한 비유이다. 내가 중심근원 속에 있었을 때 그리고 영원한 우주의 고차원 세계들 및 빛의 구체와 하나가 되었을 때도, 나는 신의 창조적이고 원초적(주동자적)인 측면은 알의 내용을 둘러싼 껍데기 같은 것이라고 느꼈다. 그것은 곳곳에 긴밀하게 연결되어 있었으나(우리의 의식은 신성의 직접적인 확장이므로) 그것이 창조물의 의식과 완전히 동일해지는 것은 영원히 불가능하다고 여겼다. 내 의식이 영원한 모든 것과 동일해졌을 때에도 나는 존재하는 모든 것을 발생시킨 그 창조적인 동인과 완전히 하나가 될 수는 없다고 느꼈다. 최고의 무한한 하나됨 속에서도 이원성은 여전히 있었다. 어쩌면 이원성처럼 보이는 이유는 단지 그 자각의식을 이 세계로 끌어들여 표현하려고 노력하는 데에서 비롯된 결과일 수도 있다.

나는 옴의 목소리를 직접 듣거나 옴의 얼굴을 보지는 못했다. 마치 옴은 생각들을 통해 나에게 말을 거는 것 같았는데, 그 생각들은 거대한 파도물결처럼 나에게 밀려오고 내 주변의 모든 것을 뒤흔들면서, 존재의 보다 깊숙한 구조물(우리는 언제나 그것의 일부인데도 평소에는 이를 의식하지 못하고 있다)이 있다는 것을 보여주는 듯했다.

그런 식으로 내가 정말 신과 직접 의사소통을 했느냐고 묻는다면 나는 확실히 그렇다고 대답하겠다. 이렇게 말하고 나니 거창하게 들리긴 하지만, 그 당시에는 그렇게 느끼지 않았다. 나는 그때 오히려 모든 영혼이 몸을 떠났을 때 할 수 있는 일을, 그리고 우리가 지금이라도 당장 기도와 깊은 명상으로 할 수 있는 그런 일을 하고 있을 뿐이라고 생각했다. 신과 대화한다는 것은 우리가 상상할 수 있는 최고로 굉장한 경험인 동시에 가장 자연스러운 경험일 뿐이다. 왜냐하면 신은 언제나 전지하고, 전능하며, 인격적인 모습으로, 그리고 조건 없는 사랑의 모습으로 우리 안에 있기 때문이다. 신과 신성하게 연결된 우리는 모두 하나이다.

34장

마지막 딜레마

미래의 내가 되기 위해서는
현재의 나를 기꺼이 포기해야만 한다.
_알베르트 아인슈타인

아인슈타인은 내가 가장 흠모하는 과학자였는데, 위의 인용문은 내가 가장 좋아하는 문구 중의 하나였다. 하지만 나는 지금에 와서야 이 말의 진정한 의미를 이해하게 되었다. 내가 동료 과학자들에게 내 이야기를 할 때마다 그것을 미친 소리처럼 받아들이더라도(그들의 당황하거나 멍한 표정을 보고 알 수 있었다), 나는 그들에게 과학적 가치가 있는 진실을 말해주고 있다는 것을 알고 있다. 나의 이야기는 과학적으로 완전히 새로운 이해이자 전적으로 새로운 세계를 향한 문을 열어주고 있으며, 의식이야말로 모든 존재의 유일한 최고의 실체임을 밝혀주고 있다는 것도 안다.

그런데 임사체험 사례들에서 공통으로 나타나는 사건이 나에게는 일어나지 않았다. 더 정확히 말하면, 내가 경험하지 못한 몇몇 일들이 있었는데, 그것은 주로 다음의 사실과 관련되었다.

즉, 나는 그 당시에 지상에서의 내 정체성을 기억하지 못하고 있었다.

비록 그 어떤 임사체험도 다른 임사체험과 완전히 같은 경우는 없지만, 문헌자료들을 살펴본 결과 나는 많은 사례에서 어떤 전형적인 면모들이 매우 끈질기게 나타난다는 것을 발견하게 되었다. 그중에는 지상에서 연을 맺었다가 먼저 사망한 가족을 만나는 일이 포함된다. 나는 내가 알았던 그 누구도 만나지 못했다. 하지만 이 사실이 그다지 신경 쓰이지는 않았다. 지상에서의 정체성을 망각한 덕분에 나는 다른 임사체험자들에 비해 더 '깊숙이' 들어갈 수 있었다는 사실도 발견했기 때문이다. 따라서 이 점에 대해서는 불만스러울 것이 없었다.

다만 아쉬운 것은, 만날 수 있었더라면 정말 좋았을 사람이 한 명 있었다는 사실이다. 아버지는 내가 혼수상태에 빠지기 4년 전에 돌아가셨다. 여러 해 동안 방황함으로써 아버지의 기대 수준에 미치지 못한 것에 내가 얼마나 괴로워했는지를 아버지도 잘 알고 계셨는데, 왜 아버지는 내게 나타나서 괜찮다고 말해주지 않았던 걸까? 임사체험자를 맞이해주는 친구나 가족들이 주로 전하고자 하는 내용을 보면 위로해주는 메시지가 대부분이다. 나도 그런 위로를 정말 받고 싶었는데, 그것을 받지 못한 것이다.

물론 그렇다고 내가 그 어떤 위로의 말도 듣지 못한 것은 아니다. 나비 날개의 여인으로부터 위로의 말을 들었다. 하지만 그 여인이 제아무리 천사같이 아름다웠다 해도, 그녀는 *내가 아는 사람이 아니었다.* 나는 나비 날개를 타고 그 목가적인 골짜기로 들어설 때마다 그녀를 매번 보았기 때문에, 얼굴을 완벽하게 기억할 수 있었다. 너무나 확실하게 기억하고 있었기 때문에 내가 살아생전에 만나본 사람이 아니라는 것은 충분히 알 수 있었다. 그런데 일반적인 임사체험에서는 주로 지상에서 알았던 친구나 지인과 만남을 통해 과정이 진행되는 경우가 많았다.

그런 생각을 털어버리려 했지만, 어느새 나의 체험 전반에 대해 작은 의심이 생겨나기 시작했다. 내게 일어났던 일을 의심했다는 뜻은 아니다. 그건 불가능했다. 차라리 내가 홀리와 결혼했다는 것을 의심하거나 아이들에 대한 나의 사랑을 의심하는 편이 쉬웠을 것이다. 하지만 내가 저 세상을 여행하는 동안 아버지를 만나지 못했고 그 대신 나비 날개의 아름다운 여인을, 즉 내가 알지 못하는 사람을 만났다는 게 이해되지 않았다. 나는 가족에 대해 강렬한 감정이 있었고, 버려졌다는 느낌 때문에 결핍감으로 괴로워한 사람이었는데, 그렇다면 왜 그토록 중요한 메시지(나는 사랑받고 있고 결코 내버려지지 않았다는)를 전해주는 그 사람이 내가 아는 사람이 아니었을까? 예컨대 왜… 아버지가 아니었을까?

실제로 나는 평생 마음속 아주 깊은 곳에서는 '버림받았다'는 느낌을 안고 살아왔었다. 가족들이 사랑으로 치유해주려고 최선을 다했음에도 불구하고. 아버지는 어머니와 함께 나를 입양협회에서 데려오기 전에 있었던 일들에 대해 지나치게 관심을 두지 말라고 종종 말해주었다. "어차피 너무 어려서 그때의 일을 기억할 수도 없을 거야." 그가 말했다. 이 점에 대해서는 아버지가 틀렸다. 임사체험을 통해 나는 우리 안의 어떤 보이지 않는 부분이 최초의 순간부터 우리의 모든 경험을 기록하고 있음을 확신하게 되었다. 그래서 인지 과정이 일어나지 않는, 언어 사용 이전의 의식 차원에서 나는 살아가는 동안 내내, 내가 버려졌다는 사실을 알고 있었고, 마음 깊은 곳에서는 이 사실이 용서되지 않아 괴로웠다.

이 문제가 풀리지 않는 한 내 안에서는 냉소적인 목소리가 남아 있을 수밖에 없었다. 그 목소리는 계속해서 심지어는 교활하게, 내 임사체험이 아무리 완벽하고 대단했을지라도 거기에는 무언가가 빠져 있고, 무언가가 '부재한다'고 말했다.

결국 여전히 마음 한편에서는 놀라우리만치 실제적이었던 내 체험의 진정성에 대한 의심이 버티고 있었고 따라서 그 세계 전체가 실존한다는 것에도 의심이 있었다. 그 마음은 여전히 과학적인 기준으로 보아 이 일은 '말이 안 된다'고 여기고 있었다. 작지만 끈질긴 의심의 목소리가 내가 조금씩 구축하고 있던 새로운 세계관 전체를 위협하기 시작했다.

35장   한 장의 사진

> 감사하는 마음은 최고의 미덕일 뿐만 아니라,
> 다른 모든 미덕의 부모이기도 하다.
>
> _키케로

병원에서 퇴원한 지 넉 달이 지났을 때, 나의 친가족 누이인 캐시가 친동생 베치의 사진을 보내왔다. 커다란 봉투를 열고 액자 안에 담긴 윤기 나는 사진을 꺼내어 한 번도 본 적 없는 누이의 얼굴을 접하게 되었을 당시에, 나는 바로 나의 여정이 시작되었던 그 침실에 서 있었다. 나중에 확인한 것인데, 사진 속의 그녀는 남부 캘리포니아 집 근처에 있는 발보아섬 연락선의 부두 가까이에서 서부 해안의 아름다운 석양을 뒷배경으로 서 있었다. 긴 갈색머리에 깊고 푸른 눈을 가졌는데, 사랑과 친절함이 묻어나는 그녀의 미소가 내 안으로 바로 파고들어와 나는 가슴이 부풀어오르면서도 동시에 아릿해졌다.

캐시는 사진 뒤에 시가 적힌 종이를 부착해 놓았다. 1993년에 데이비드 M. 로마노가 쓴 시로, 제목은 〈나 없이 내일이 시작될 때〉였다.

나 없이 내일이 시작될 때

내가 거기에 없을 때

태양이 떴는데 그대의 눈이

나 때문에 눈물 젖어 있다면

우리가 서로에게 말하지 못한

수많은 것들을 생각하며

오늘처럼 그대가 울지 않기를

정말로 바라고 있다오.

내가 그대를 사랑하는 만큼

그대가 얼마나 나를 사랑하는지 안다네.

내 생각을 할 때마다

나를 그리워하리라는 것도.

하지만 나 없이 내일이 시작되더라도

이것을 이해해주기를 바라오.

천사가 와서 내 이름을 부르고

내 손을 잡고서 말해주었다네,

저 위의 천상에

내 자리가 준비되었다고.

내가 사랑하는 모든 이들을

이제는 남기고 가야 한다고.

하지만 돌아서면서 나는

눈물을 떨구었다네
나는 죽고 싶지 않다고
평생 생각해왔었기에.
살아야 할 이유와
해야 할 일들이 아직 많은데,
그대를 떠난다는 것이
거의 불가능하게 느껴졌다네.

지난 일들을 생각하였소.
좋은 일들과 슬픈 일들을,
우리가 나누었던 그 모든
사랑과 기쁨에 대하여.
잠깐만이라도 다시 한번
과거를 살 수만 있다면
그대에게 키스하고 작별인사를 하면
어쩌면 그대의 미소를 볼 수도 있지 않을까.
하지만 이것은 절대 가능하지 않음을
나는 온전히 깨닫게 되었다네,
빈자리와 기억들만이
나를 대신할 것이기 때문에.
내가 보지 못할 내일의

세상일들이 일어날 생각을 하니

그대가 생각났고 그랬더니

가슴에 슬픔이 가득했네.

하지만 천상의 문으로 들어갔을 때

나는 고향에 온 듯했고

신이 커다란 황금옥좌에서

미소 지으며 나를 내려다보았을 때

내게 이렇게 말씀하셨네,

"이것이 영원이다, 너에게 약속했던 모든 것이다.

이제 너의 지상의 삶은 끝났지만

이제 다시 새로 시작이다.

어떠한 내일도 약속해줄 수 없으나

오늘은 영원할 것이다.

모든 날이 같기 때문에

과거를 그리워하는 일은 없을 것이다.

너는 아주 충실했고

믿음을 가진 진실한 사람이었다.

비록 때로는 하지 말았어야 할

일을 했던 적도 있었지만.

하나 너는 용서받았고 이제 마침내

너는 자유가 되었다.

그러니 내 손을 잡고

나의 삶을 함께하지 않겠는가?"

그러하기에 이제는

나 없이 내일이 시작되더라도

우리가 떨어져 있다고 생각지 말아주오.

그대가 내 생각을 할 때마다 나는

바로 여기, 그대의 가슴속에 있을 테니까.

사진을 조심스레 서랍장 위에 올려놓고 계속해서 바라보는 동안 나의 눈가가 촉촉해졌다. 그녀는 이상하게도 낯설지가 않아 뇌리에서 사라지지 않았다. 물론 그녀가 낯이 익은 것은 당연했다. 우리는 혈연관계였으니 나머지 두 명의 형제자매를 제외하면, 지구상의 어느 누구보다도 유전자를 공유하고 있었으니까. 베치와 나는 만나지는 못했어도 깊이 연결되어 있었을 것이다.

다음 날 아침 나는 침실에서 엘리자베스 퀴블러 로스의 《죽음 이후의 삶On Life After Death》(한국에는 《사후생》이라는 제목으로 출간되었다—옮긴이)이라는 책을 계속 읽고 있었는데, 마침 어떤 열두 살짜리 소녀의 이야기를 읽게 되었다. 그녀는 처음에는 임사체험의 사실을 부모에게 알리지 않았지만, 혼자서 간직할 수가 없어서 결국은 아버지에게 털어놓았다. 그녀는 기가 막히도록 아름답고 사랑으로 가득한 경관 속에서 여행을 하고, 오빠를 만나 위안을 받았다고 말했다.

소녀가 아버지에게 말했다. "그런데 문제는, 나는 원래 오빠가 없잖아요."

그러자 아버지의 눈에 눈물이 가득 고였다. 그는 딸에게 사실은 오빠가 있었는데 그녀가 태어나기 석 달 전에 죽었다고 말해주었다.

나는 읽다가 멈췄다. 잠시 동안 이상하고 어리둥절한 느낌에 빠져들었다. 생각을 정말로 하는 것도 아니고 생각을 안 하는 것도 아닌 그저… 무언가를 흡수하고 있는 것 같았다. 어떤 생각이 내 의식의 가장자리에까지 다가왔는데 미처 뚫고 들어오지 못하는 것 같았다.

그러다가 나는 서랍장 쪽으로 시선을 돌렸고, 캐시가 보내준 사진이 눈에 들어왔다. 만나본 적이 없는 누이의 사진이었다. 친가족들의 이야기를 통해서 그녀가 얼마나 성품이 따뜻하고 놀라울 정도로 배려심이 깊은 사람이었는지에 대해 들었을 뿐이다. 그들이 누차 말해준 바에 따르면 그녀는 무척이나 착해서 사실상 천사가 따로 없었다고 했다.

파스텔톤의 블루와 인디고 색의 옷이 없는 상태에서, 그리고 관문에서 나비 날개에 앉았을 때의 그 천상의 빛이 없는 상태에서 처음에는 그녀를 알아보기가 쉽지 않았다. 당연한 일이었다. 나는 그녀의 천상에서의 자아, 즉 온갖 비극과 근심 걱정을 겪는 지상 영역을 넘어서 살고 있는 자아와 만난 것이었으니까.

하지만 이제 더 이상 착각의 여지가 없었다. 그녀의 사랑스러운 미소와, 믿음직하고 한없이 격려해주는 그 표정과 빛나는 푸른 눈을 나는 알아보았다.

그녀였다.

잠시 동안, 두 세계가 합쳐졌다. 의사이며 아버지이고 남편으로 살아가는 이곳 지상의 세계가 있었다. 그리고 저 너머의 세계가 있었다. 너무나 광대해서, 여행하는 동안 원래의 정체성마저 잃어버리게 되는, 신에 흠뻑 취하여 사랑으로 가득한 칠흑 같은 우주의 순수한 일부가 되어버리는, 그런 세계가 있었다.

그 순간에, 비가 오는 화요일 아침의 침실에서, 지고의 세계와 낮은 세계가 서로 만났다. 그 사진을 보았을 때 나는 마치 동화 속에 나오는 소년이 된 것 같았다. 소년은 다른 세계들을 여행하다가 돌아와서 보니 모든 것이 꿈이었다는 것을 깨닫는다. 하지만 그는 주머니에서, 그가 저 너머의 세계들로부터 가져온 반짝이는 마법의 흙 한 줌을 발견한다.

지난 수 주 동안 나는 부인하려 했지만 마음속에서 갈등이 계속되고 있었다. 육체를 넘어선 곳에 다녀온 나의 일부와, 의사로서의 나 사이에 싸움이 진행되고 있었다. 나는 나의 누이의, 나의 천사의 얼굴을 바라보며, 지난 몇 달간 내 안에서 분열되었던 두 개의 자아가 실제로는 하나임을 완전히 깨닫게 되었다. 나는 의사, 과학자, 치유사의 역할과 신성 그 자체 속으로, 믿기 힘든 그러나 매우 실제적이고 아주 중요한 여행을 했던 사람으로서의 역할을 모두 온전히 아우르고 싶었다. 나를 위해서라기보다는, 그 일의 이면에 있는 기상천외하고 상식을 깨는 설득력 있는 세부사항들 때문이었다. 임사체험을 통해 나의 분절되었던 영혼은 치유되었다. 나는 언제나 사랑받았으며, 우주 속의 모든 사람도 전적으로 그러하다는 것을 알게 되었다. 기존의 의학적인 견지에서 볼 때는 그 무엇도 경험하는 것이 불가능한 그런 신체여건에서 벌어진 일이었다.

나의 경험이 일고의 가치도 없다면서, 내가 틀렸음을 어떻게 해서든 입증하려는 이들이 있다는 것도 알고 있다. 그들은 나의 경험을 기껏해야 몸이 아파서 생겨난 미친 꿈이라고 보며 그것이 '과학적'일 가능성을 믿고 싶지 않아 한다.

하지만 내가 더 잘 알고 있다. 나는 지상에 있는 사람들을 위해서나 저 너머의 세계에서 만난 존재들을 위해서나, 내가 경험한 것이 진실이고 사실이며 엄청나게 중요하다는 것을 최대한 많은 이들에게 알리는 것이(과학자이자 진리를 구하는 자로서, 그리고 사람들을 돕는 의사로서) 나의 의무라고 생각한다. 나에게만 중요한 것이 아니라 우리 모두에게 그러하다.

나의 여정은 단지 사랑에 관한 것만이 아니라, 우리가 누구인지에 대한 그리고 우리 모두가 서로 어떻게 연결되어 있는지에 대한, 결국 존재 자체의 의미에 관한 것이다. 그 세계에서 나는 내가 누구인지를 배웠고, 다시 돌아와 보니, 이곳에서 나의 정체성에 관한 마지막 가닥들이 마저 채워졌음을 깨달았다.

당신은 사랑받고 있다. 버림받은 고아로서 내가 듣고 싶어 했던 말이었다. 하지만 우리 모두가 들을 필요가 있는 말이기도 하다. 오늘날의 물질중심적인 세상에서 우리는 우리가 진정 누구이며, 어디에서 와서 어디로 가는지를 알지 못하는 고아라고 (잘못) 느끼고 있다. 창조주의 조건 없는 사랑과, 우리가 더 큰 차원에서 서로 연결되어 있다는 이 사실을 기억하지 못하는 한, 지상에서의 우리는 언제나 길 잃은 심정으로 살아갈 것이다.

그래서 지금 나는 이렇게, 과학자로서 그리고 의사로서의 두 가지 기본적인 의무를 지키고 있다. 진리를 공경하는 일 그리고 치유를 돕는 일이다. 따라서 나는 나의 이야기를 사람들에게 들려주어야만 한다. 시간이 지날수록 나에게 일어난 일이 우연이 아니었음을 확신하게 되었다. 내가 특별한 사람이라는 뜻이 아니다. 다만, 나에게서는 두 가지 계기가 조화롭게 일치했던 것이고 이 두 가지가 함께할 때, 비로소 오직 물질 영역만이 실재하고 의식 또는 영혼은 우주의 위대하고 핵심적인 신비가 아니라고 안간힘을 다해 고집하는 과학적 환원론을 무너뜨릴 수 있기 때문이다.

나는 살아 있는 증거이다.

우리의 삶을 변화시킬 10가지 제안

> 당신이 잠들어 있었던 거였다면? 그리고 잠자는 동안 천국에 가서 기묘하고도 아름다운 꽃을 뽑는다면 어떨까요? 그리고, 잠에서 깨어났는데 실제로 손에 거기서 뽑은 꽃이 들려 있다면요? 아, 그럼 당신은 잠들어 있었던 걸까요?
>
> _새뮤얼 테일러 콜리지

사람들에게 당신이 다른 세상에 살고 있다고 전하려면 어떻게 말해야 할까?

내가 처음으로 이 책을 쓰기 시작할 때 가진 물음이었다.

지금까지도 도전이 되는 물음이다.

《나는 천국을 보았다》가 출간된 이후 대부분 시간은 내 이야기를 사람들에게 들려주면서 보냈다. 지난 몇 달간 수천 명의 사람과 이야기를 나누었다. 그리고 내가 전하고자 하는 메시지의 본질을 공유함으로써 얻게 되는 기쁨이 있었다. 우리 개개인은 각자 불멸의 존재이며, 의식은 두뇌의 활동에 포함되거나 두뇌에 제한되는 것이 아니며, 죽음은 결코 끝이 아니다. 그리고 사랑은 우주에서 가장 강력한 힘이라는 것. 나는 그 메시지를 전하면서 결코 지치는 법이 없다.

하지만 아무리 말해도 내가 전하고자 하는 걸 온전히 전해줄수가 없었다. 내가 할 수 있는 건 지상의 말뿐이기 때문이다. 세속적인 인간의 단어들로만 이 세상 너머의 세상을 묘사하는 건 마치 닳아빠진 연필 한 자루를 가지고 화려한 색상의 그림을 그리려는 것처럼 어려운 일이다.

그래서 사실 좀 절망스럽다. 하지만 그럼에도 불구하고 나에게 일어났던 일을 할 수 있는 한 생생하게 묘사하려고 노력하는 과정에서 중요한 걸 배웠다.

말을 가지고 묘사할 수밖에 없다는 점이었다.

이전 책에서 내가 사용한 많은 단어에 대해 비판의 의견을 듣게 되었다.

"옴이라니요? 알렉산더 박사님, 당신이 기독교인이라면 대체 '신'이라는 단어를 왜 쓰지 않은 거죠?"

관문을 지나 중심근원 깊숙한 곳까지 나를 따라오던 존재를 두고 사용한 단어 역시 마찬가지로 비판을 피하지 못했다. 그 단어는 '*구체*'였는데, 사람들은 이 단어가 얼마나 이상하게 들리는지, 얼마나 공상 과학처럼 들리는지 몰랐느냐고 물었다.

그랬다, 나도 그렇게 들렸다. 그리고 나도 아직도 그렇게 들린다. 하지만 '구체'는 따스하고, 살아 있고, 완전히 지적이면서도 동정심 많은 그 존재를 설명하기 위해 뒤지고 뒤져 찾아낸, 가장 적절하면서도 단순한 단어였다.

내가 '옴'이라고 말한 존재는 물론 '신'이라고 생각했지만, '신'이라는 단어 자체는 그 존재를 설명하기에 부족했다. 20세기 미국 남부에서 성장한 미국인으로서 내가 살면서 듣고 말하는 데 익숙한 단어는 물론 '신'이다. '옴'은 나에게도 익숙한 단어가 아니지만, 임사체험 중 만난 그 세상에서 내가 들었을 때는 아주 익숙했다. 나와 소통하고 나를 인도해주던 그 존재가 신이라는 걸 당연히 마음에서는 느꼈지만, 인간 세상에서 쓰는 그 말이 어쩌면 그 존재를 묘사하는 데 잘못된 정보를 전달할지도 모른다는 것도 두려웠다.

힌두교에서는 옴(Om 또는 Aum으로 쓰임)은 원초적인 음절로 분류된다고 한다. 신이면서도 동시에 우주가 창조될 때 신이 한 최초의 말씀이라고 한다.

이는 기독교 《성서》의 〈요한복음〉 첫 줄에 나오는 말과도 희한하리만치 유사하다. 그 구절은 이렇다.

태초에 말씀이 계시니라, 이 말씀이 하나님과 함께 계셨으니 이 말씀은 곧 하나님이시니라.

《히브리 성서》에도 이와 유사하게 신이 원시의 물(카오스의 토후와보후*tohu wavohu*) 위에서 "빛이 있으라"라는 말씀으로 세상의 혼돈을 질서로 바꾸었다고 나온다('원시의 물'은 형체가 없이 비어 있다는 뜻이다 ─ 옮긴이). 이때 신은 말 그대로 《신약성서》에서 로고스라고 부르는 세상의 질서를 실존하는 존재로 바꾸는 말씀을 하신 거다.

《신약성서》를 쓴 사람들에게 언어는 세상의 뿌리를 묘사하는 도구이자 창조의 신비를 묘사하는 도구였다.

그들이 쓴 말은 진지하고, 진실되고, 마법과 같았다.

하지만 말은 익숙해진다. 그리고 많이 사용하면 할수록 말의 힘은 작아진다. 신성함이라는 무게가 조금씩 빠져나간다.

그래서 말이야말로 그 능력이 완전히 새롭거나 완전히 진부할 수 있는 것이다. 나에게 말은 반대로 나의 경험이 말로 표현하기에는 다 표현이 안 될 정도로 얼마나 완전히 새로웠는가를 보여주었다.

더욱더 많은 사람이 나의 이야기를 읽을수록 그 안에 담긴 개념과 경험이 친숙해지고, 결국 처음의 신선함과 전달의 책임을 잃고… 그저 평범한 임사체험 이야기가 될까 우려스럽다.

그렇게 되길 원하지 않는다.

나에게 일어난 일은 가히 충격적이었다. 내 인생은 완전히 바뀌었다. 아직도 난 하루하루가 그 일이 일어난 순간처럼 새롭다. 시인 윌리엄 워즈워스의 말을 인용하자면, "꿈의 영광과 새로움"이 나에겐 있다. 물론 '꿈'은 아니었지만.

하지만 다른 사람들에게 어떻게 이 느낌을 전달하고 그걸 기억할 수 있도록 도울 수 있을까?

물에서 물고기를 잡고, 꽃을 꺾어 밤새 탁자 위에 둬보자. 무슨 일이 일어나는가? 색은 바래고 생명은 죽어간다. 그다음은 어디로 가는가? 유물론자들은 단순히 사라지는 거라고 말할지 모른다. 하지만 그렇지 않다. 생명은 처음에 왔던 곳으로 다시 돌아간다. 물질 세계의 위에 있는 차원으로. 우리가 왔던 곳이자 다시 돌아갈 곳인 그 차원으로.

나의 경우는 의학적으로도 기적이었다. 《나는 천국을 보았다》가 출간된 이후 대뇌피질에 뇌막염을 일으킨 대장균의 공격으로부터 내가 어떻게 살아 돌아왔는지 설명하는 데 성공한 사람은 단 한 명도 없었다. 또 내가 어떤 경로로 뇌막염에 걸리게 되었는지에 대해 설명할 수 있는 사람 역시 단 한 명도 없었다.

내 경험은 앞에서 인용한 새뮤얼 테일러 콜리지의 시에서 말하는, 시간을 초월한 경험이었다. 한 남자가 이상하고도 멋진 땅으로 여행을 떠난다. 돌아와서 그는 실제로 어떻게 거기로 갈 수 있었는지에 대해 설명하기 위해 머리를 싸맨다. 그러다가 모든 걸 설명하기엔 역부족이라며 절망하는 지점에서 증거 하나가 딱 나타난다. 퍼즐의 마지막 조각. 그 여행이 실제로 있었는지, 이 퍼즐을 완성할 수 있는지를 설명해줄 그 한 조각.

그건 일어날 수 있는 일이었다. 즉, '다른 세상'은 존재했다.

나에게 그 증거(논쟁의 여지가 없는 증거)는 평생 한 번도 본 적이 없는 친동생 베치의 사진을 보고 그녀가 바로 저 세상에서 내가 봤던 나비의 날개를 가진 소녀, 내 뒤에서 나의 여정을 안내해준 천사와 같은 존재였다는 걸 깨달았던 순간이다. 그 순간은 시간적 개념이 없었고 신묘했다.

정말 그녀였을 거라고 난 믿는다.

내 이야기가 너무 진부하게 들리지는 않았으면 좋겠다. 내가 특별해서가 결코 아니라 내 경험이 특별하다고 절대적으로 확신해서다. 그래서 이 책을 다시 집어 든 당신에게 당부하고 싶은 말이 있다.

내 이야기가 당신에게 어떤 메시지를 전달했다면, 당신이 잠시라도 내게 일어났던 일이 정말 사실일지도 모른다는 생각이 조금이라도 들었다면, 그 느낌을 부디 놓치지 마시길 바란다. 내 이야기가 그저 이미 흥미로운 이야기로 가득한 세상에서 또 다른 한 흥미로운 이야깃거리에 불과하지는 않았으면 좋겠다. 나에게 일어난 일의 의미가 우리에게 익숙한 세계로 그저 스며들어가 없어지지는 않았으면 좋겠다. 나에게 일어난 일은 실재했고, 그 사실은 당신이 누구든 간에 당신에게 영향을 끼칠 수 있다.

내가 경험한 그 세상을 생생하게 유지하려고 할 때, 내 친구 중 한 명이 스페인 작가 후안 히메네스Juan Ramón Jiménez의 시를 나에게 보여주었다. "지금 서 있는가"라고 시에서 말했다. "조용히, 새로운 삶에서." 내가 혼수상태에서 깨어난 첫 주에 수많은 사람이 내가 어디에 있었는지 뭘 봤는지에 대해 현실적으로 돌아와 생각할 수 있도록 애쓰던 그 시간 동안, 그 시는 나의 입장을 완전히 대변했다. 나는 새로운 삶에 조용히 서 있었던 것이었다.

모두가 나를 이전 세상에서 다시 맞을 준비를 하고 있었다. 내가 저쪽 세계를 경험하기 전에 등진 세상에서. 내 동료 의사들은 내게 일어난 일, 즉 산소가 부족하고 박테리아로 인해 뇌가 감염됐다는 사실을 열심히 설명하려고 하고 있었다. 게다가 나는 더 끔찍하면서도 특이한 경험을 했고, 상식적으로 보면 죽었거나 잘해야 식물인간이 되었어야 마땅한 상황에서 수수께끼처럼 빠져나온 상태였다. 그런데… 세상에선 아무 일도 일어나지 않았다. 거리엔 차들이 똑같이 다녔고, 우편함에는 청구서들이 들어 있었다. 내가 남겨두고 갔던 이전 세상의 모습 그대로.

하지만 전혀 같은 세상이 아니었다. 완전히 새로운 세상이었다. 우주, 나 자신, 내가 누구이고 어디로 가는지에 대한 우리 개개인의 견해는 빠르고도 급격히 변화하며, 그때 느낄 수 있는 새로운 세상은 우리의 원초적인 꿈 그 이상을 넘어서는 기묘하고도 놀랍고도 밝은 세상이다.

내 이야기는 이러한 변화의 일부다. 그러니 당신이 내 책을 읽고 감동을 받았다면, 그 느낌을 인정하고 함께해달라고 부탁하고 싶다. 나에게 일어난 일을 참고해서 당신의 삶과 생각을 바꾸어봤기를 바란다. 혹시 당신이 이미 신앙을 가지고 살았다면, 내 이야기를 기억하며 그 신앙을 강하게 붙들길 바란다. 또는 당신이 무신론자라면 내 이이기를 읽고 혹시라도 가능성이 있을 어떤 것에 대한 호기심을 가졌길 바란다.

플라톤은 기억이 곧 힘이라고 주장했다. 그리고 지상의 삶에서 우리 스스로가 내리는 잘못된 정의에서 벗어날 수 있도록 인도하는 것이 바로 기억이다. 우리는 어떤 것을 기억하기 위해서는 기억이란 걸 또 해야 한다.

당신이 기억하는 데 도움이 되기를 바라며 제안하고자 하는 몇 가지 사실이 있다.

첫 번째:

말의 한계를 기억하라.
그리고 말의 한계를 기억하는 것의 힘을 기억하라.

지구상에서 인류가 살아온 긴 시간 중 글자가 존재하지 않던 시대에는 인간의 상황을 정의하는 이야기를 기억한 사람들이 곧 현명한 사람으로 여겨졌다. 그 이야기라 함은, 인간이 어디에서 왔는지, 실제 인간은 어떤 존재인지, 세상을 떠나면 어디로 가는지 등에 관한 이야기를 말한다.

글자가 처음 등장했을 때, 살아 있는 기억 속에 존재하던 이야기의 힘이 사라질 거라는 우려가 컸다고 한다. 성스러운 지혜가 일련의 글자들로 축소된다면, 진정한 기억은 어떻게 되는 걸까?

"문자는 사람을 죽이고 영은 사람을 살린다"라고 〈고린도후서〉 3장 6절에 나와 있다. 이게 말이 가진 역설이다. 말은 인간의 소통을 위해 존재하지만 동시에 소통하는 존재를 죽인다.

신

사랑

평화

편안함

선함

이 단어 중 단 하나도 내가 말하고자 하는 바를 표현하지 못한다. 말은 다른 도구들과 마찬가지로 우리를 게으르게 만들 수 있다. 특히, 말은 우리가 어떤 기억을 잊게 할 수 있다.

그러나 기억을 하게 만들어주기도 한다.

대뇌피질이 회복되면서 나에게도 (이 세상의) 언어가 다시 돌아왔다. 언어가 뇌로 다시 들어차는 걸 경험하면서 이전에 다른 방법으로는 결코 알 수 없었던 방식으로 우리 인간들이 지상의 피조물이자 *언어의 존재*라는 걸 깨닫게 되었다. 말하고 쓰는 데 쓰이는 언어는 우리를 제한한다. 동시에 엄청난 힘을 지닌 도구다. 마치 우리의 육신처럼 답답하고 절망스럽기도 한 도구. 언어와 육체는 둘 다 우리가 원하는 걸 다 하지 못한다. 둘 다 짐이다. 그리고 둘 다 큰 축복이다.

천국에서는 말이 필요 없다. 의미는 직접 전달된다. 인간은 육체적 존재라서 육체를 넘어선 세상에서의 직접적 의사소통을 육신의 세상에서는 할 수 없으므로 지상에서는 말을 사용할 수밖에 없다. 물론 지상에서도 일부 사람들은 텔레파시 실험에서도 볼 수 있듯이 특정한 순간에는 비교적 더 직접적인 방식으로 의사소통을 할 수는 있다.

하지만 대부분은 시간과 공간과 물질의 차원에 갇혀 있다. 여기에는 존재하지 않는 것을, 이 세계를 넘어서는 것을 말로밖에 표현하지 못하는 세계에 살고 있다.

글자가 등장하기 이전과 이후 시대 모두 성스러운 이야기들은 모두 하나의 주요 목표를 갖는다. 바로 사람들이 진정한 자신이 누구인지 기억할 수 있도록 돕는 것이다. 물론 이렇게 돕는 건 비단 성스러운 이야기만 할 수 있는 건 아니다. 가령 내 경험(이 책에 등장한 말들의 모음)도 도울 수 있을 것 같다. 나는 내 책을 읽은 사람 중에서 내가 경험한 것의 일부를 전혀 경험해보지 못한 사람은 거의 없다고 생각한다. 다들 어느 정도는 살면서 경험을 했을 텐데, 이 책 안에 있는 말들이 당신의 기억을 되살리는 역할을 했다면 이 책의 할 일은 다 한 것이다.

따라서 말이 비록 절망적일지라도 말이 있기에 할 수 있는 기능도 있어 감사하다. 말에는 뭐라 매길 수 없는 가치가 있다. 그 가치를 무시하고 당연한 것으로 받아들이는 것도 잘못되었다. 말은 우리가 누구인지 기억하게 해주는 도구이기 때문이다.

말은 우리가 이 세상에서 가지고 사용하는 도구다. 내가 쓰는 이 세상에서의 말들이 당신의 지상 그 너머의 어떤 것을 떠올리게 했다면 그 느낌을 믿기를 바란다. 기도나 묵상 또는 당신이 옳다고 여기는 모든 것들 안으로 들어가 중심근원과 연결된 진정한 자신의 모습을 찾기를 바란다. 이 말조차 어쩌면 내가 하고자 하는 말을 전하기엔 불완전할 수 있지만, 그래도 기억하는 데 도움이 되기를 기도한다.

두 번째:
두뇌의 한계를 기억하라.

인간의 뇌는 존재에 대한 상위 이미지를 이해하는 데 침팬지의 뇌보다 조금 낫다. 그러니 인간보다 3~4배는 더 복잡한 두뇌를 가진 상위의 존재는 우리가 상상할 수 있는 것보다 더 진정한 우주와 세상을 이해할 수 있을 것이다. 그 상위의 존재가 우리에게 진정한 우주를 묘사한다는 것은 어쩌면 침팬지에게 특수상대성 이론을 설명하려는 것과도 같은 것인지 모른다.

침팬지를 깎아내리려는 건 아니다. 다만 우리 인간의 두뇌가 얼마나 제한적이고, 따라서 우리가 진정한 세상과 그 안에서의 각자의 역할에 대한 온전한 의미를 이해하지 못하게 하는지 설명하려는 것이다. 여러 과학적 발견에 따르면, 인간의 뇌는 점차 이해할 수 있는 지능의 양을 늘려나가고 있다고 한다.

다시 말해, 두뇌의 지능은 지구상에 존재하는 규칙에 제한된다. 하지만 물리적 우주와 협력하여 두뇌를 설계한 우리 자신은 제한되는 존재가 아니다. 비록 우리가 두뇌에 '속해' 있긴 하지만, 영혼이 육체를 쓰기 위해 잠시 빌려온 것이라서, 영이 다시 육체를 땅으로 돌려주면 더 이상 속하지 않게 되고 미래에도 존재할 것이다. 두뇌는 기계다. 효율적이고 매우 뛰어난 기계다. 하지만 모든 사람의 두뇌는 똑같다. 이 사실을 잠시라도 잊어버리면 문제에 빠지게 된다.

벤저민 리벳Benjamin Libet을 비롯한 학자들이 1983년 저널 〈브레인Brain〉에서 밝힌 고전연구에서 피험자들은 오실로스코프에서 원을 그리며 이동하는 광점을 보면서 아무 때나 손목을 구부리라는 지시를 받았다. 오실로스코프는 2.56초(또는 2,560밀리초msec)마다 궤도를 한 바퀴 돌았다. 피험자들은 자발적으로 손목을 움직이면서 손목을 움직이겠다고 처음 생각한 지점을 기록해야 했다. 그 결과, 움직여야겠다고 생각한 그 인식의 지점은 실제 움직임보다 200밀리초(+/- 20밀리초) 전에 발생했다. 그런데 놀랍게도 손목을 움직여야겠다고 생각한 실제 '준비 상태'에 대한 뇌파 기록은 움직이겠다는 인식보다 350밀리초 전에 발생했다.

다시 말해, 이 실험은 사람이 의식하기도 전에 뇌가 거의 5분의 1초 정도에 손목의 움직임을 이미 시작하고 있었음을 보여준 것이다.

우리의 뇌는 매우 실제적인 의미에서 우리 자신을 위해 생각을 수행한다. 위의 실험에서처럼 그 생각 중 일부는 실제로 발생하고도 시간이 좀 지난 후에야 사람의 의식에 도달한다.

하지만 그럼에도 불구하고 의식에는 *전혀* 영향을 미치지 못하는 생각들이 많다. 지금 이 순간에도 당신의 뇌는 뇌를 통해 지나가는 정보 대부분을 의식으로 억압하고 있다.

일반적으로 보면 좋은 현상이다. 아마 매일, 매 순간, 모든 활동을 뇌가 의식한다면 미쳐버리고 말 것이기 때문이다.

하지만 나쁘거나 또는 적어도 문제가 되기도 한다. 의식적으로 굳이 알 필요 없는 많은 정보를 주면서 우리의 두뇌는 우리가 알았다면 유익했을 몇몇 자료를 알 수 없게 만들기도 하기 때문이다.

뇌는 양자 컴퓨터라는 강력한 증거가 있다. 뇌가 물리적 차원 이상의 세계로부터 정보를 받으며 그 정보를 과학이 아직 이해하지 못한 방식으로 다시 그 세계로 보낸다는 증거다. 우리가 유물론자일 수는 있지만, 우리의 마음은 그렇지 않다. 육신의 뇌는 초물리적 세계와의 접촉을 멈추지 않는다. 하지만 뇌가 우리를 지구에서 살아남게 하려고 노력하는 과정에서 영적 세계뿐 아니라 그 영적 세계와 합치된 깊은 연합에 대한 우리의 지식을 차단함으로써 우리가 유물론적으로 생각하도록 만드는 것이다.

이게 뇌의 잘못일까? 절대 아니다. 뇌는 그저 우리를 살아남게 하려고 하는 것이며, 이게 강력하고 일방적일 순 있지만 좋은 결과를 위해 이렇게 하는 것이다. 물리적 세계는 소풍이 아니다. 여기서 살아남는 건 어렵다. 육신의 뇌는 수억 년에 걸쳐 진화해 왔으며, 3파운드 정도 되는 시냅스의 능력이 허용하는 만큼 유용하면서 생존에 도움이 되는 지능을 담아왔다. 또한 밀리초마다 사람이 의식해야 할 것과 의식하지 말아야 할 것에 대해 수천 번씩 결정을 내린다. 과거엔 (그리고 오늘날에도) 의식할 것이 무엇인지 한 번이라도 잘못 결정을 내리면 그 뇌의 소유주인 사람은 다치거나 죽을 수도 있었다.

뇌는 또 우리가 살면서 현세를 넘어선 것을 생각할 수 있게 해준다. 정말로 이 세상에서 사는 데 필수적인 기관이다. 하지만 동시에 세상에 머무는 동안 더 높은 차원의 세계에 대한 우리의 지식을 차단하는 억압의 도구이기도 하다. 뇌의 억압으로 가장 문제가 되는 것 중 하나는 바로 황홀함과 풍요로움을 우리가 자연스럽게 인식하지 못한다는 것이다. 즉, 우리가 육체적으로 이 세상에 태어나기 전에 진정한 우주에서 완전하고도 영광스럽게 존재했다는 사실을 인식하지 못하는 것이다.

우리는 *이 세상에서도 많은 걸 풍요롭게 느끼고 생각할 수 있다.*
하지만 그 엄청난 풍요를 우리가 선택적으로 차단해버린다. 우리
의 뇌는 생존 지향적이라서 그런 것에 대해서는 알 필요가 없다
고 간주하기 때문이다.

평범함, 덤덤함, 일상적임… 사실 이런 것들을 취하는 건 매우
어려운 환상과도 같다. 그런데도 이 세상을 칙칙하고 덤덤한 회색
의 세상으로 보곤 하는 우리의 두뇌는 매우 놀라운 일을 하는 거
다. 나른한 일요일 오후를 보내는 것조차 생각보다 기적과 같은
일이건만, 우리의 뇌는 우리가 이 사실을 알면 너무 많은 생각을
할까 봐 이 사실을 알길 원하지 않는다. 그 결과 우리는 세상을 사
는 동안 이미 경이로운 삶을 사는데도 불구하고 경이로움을 필요
이상으로 그리워한다. 뇌는 우리가 실제 물리적인 세계에서 비교
적 어두운 상황에 처하더라도 기능할 수 있게 해주면서도 동시에
영적인 빛으로부터는 우리를 차단한다.

혼수상태에 빠져 있는 동안 내 대뇌피질은 본질적으로 멈춰 있
었다. 그 결과, 내가 평소 같았으면 억압했을 더 높은 차원의 세계
가 놀랄 정도의 청명함과 광채로 나의 의식 속으로 파도처럼 밀
려들었다. 이 청명함과 광채가 사실 이 우주의 실체다. 이게 진짜
다. 그런데 우리는 뇌의 생존 지향적인 본능에 속아 워즈워스가
말한 '영광'과 '생생함'을 보지 못한다.

과학은 뇌의 발달을 천천히 밝혀내고 있다. 지구에서 생활하면

서 생기는 필요가 우리의 뇌를 어떻게 오늘날의 생존 지향적 기관으로 만들었는지 연구하는 것이다. 인간이 진화함에 따라 뇌는 육체의 생존 필요성을 충족시키기 위해 더욱더 정교해져 왔다. 오랜 시간을 거치며 뇌는 왼쪽과 오른쪽으로 절반씩 분할되었다.

이 분할 때문에 매 순간 우리가 마땅히 인식했어야 했을 아름다움과 신비로움이 그렇게 오랜 인류의 역사 동안 차단당했다. 뇌과학에서는 지구상에서 생명을 유지해야 한다는 압박이, 이성과 카테고리화 등을 담당하는 것으로 추정되는 좌뇌가 패턴 인식과 창의성을 통제하는 우뇌를 과도하게 검열하게 했다고 의심하기도 했다. 이게 어느 정도… 사실이라는 증거도 있다. 중요한 건, 우리에게 주어진 시간 동안 실제로 보이는 세상이 진짜 세상과 비교하면 얼마나 작은지를 의식해야 한다는 것이다.

그걸 안다는 것만으로도 우리 앞에 문이 열리고 더 큰 세상이 다가와 우리가 새로운 방향을 바라보게끔 해줄 수 있을 것이다. 세상에서 진정한 진일보를 이루기 위해서는 더 큰 세상을 봐야 한다.

경이로움이라는 것은 과학자를 포함한 모든 사람의 영구적인 소유물이어야 한다. 하지만 슬프게도 그렇지 못하다. 양자역학계에서 이룬 발견의 역사보다 이를 더 정확하게 설명하는 건 없다. 무슨 말이냐 하면, 양자 실험이 우주에 관해 점점 더 경이로운 사실을 알아냄에도 불구하고 오늘날 수많은 물리학자는 이러한 사실에 별로 경이로움을 느끼지 않고 별 반응을 하지 않는다. 양자 물리학의 창시자 중 많은 사람은 자신이 발견한 게 너무나 놀라웠던 나머지 신비주의자로 돌아서기도 했다. 현대물리학의 아버지들은 양자 현상의 의미가 일종의 시작을 의미한다는 것을 이해했다. 이 물리학자들이 이해한 양자 현상이 이들에게 이들 자신이 전 우주의 구성원이라는 점을 보여준 것이다.

자신이 우주의 구성원이라는 사실, 여기서 비롯된 경이로움을 느끼는 건 인간의 타고난 권리다. 내가 누구든, 내가 세상을 나의 뇌로 어떻게 인식하든 간에 우리의 뇌가 우리가 사는 곳에서 매 순간 일어나는 영광과 기적을 못 보고 지나치게 해서는 안 된다.

세 번째:
당신은 혼자가 아니라는 걸 기억하라.

우리가 살고 있는 우주는 모든 것들이 연결된 곳이다. 비유적인 표현으로도 그렇고 실제 물리적으로도 연결돼 있다. 우리 몸의 원자와 그 원자를 만드는 모든 아원자 입자는 우주에 존재하는 모든 다른 원자와 입자들과 깊고도 직접적인 관계가 있다. 우주는 우리 몸처럼 통과할 수 없고 단단한 물질이 아닌 에너지로 구성돼 있다. 이 에너지는 의식으로 '만들어진다'. 그런데 의식 자체는 모든 물질적인 성질을 초월하므로 어떤 것에 의해 '만들어질' 수 없다. 그러니 의식이 '만들어진다'라고 말한다면, 의식을 만드는 건 결국 신밖에 없다고 말하는 것이다.

사람들은 매 순간 신과 깊이 연결되어 있다. 하지만 사람들 대부분은 안타깝게도 이 사실을 모른다. 일상적인 의식 수준에서 이건 분리된 두 세계로 인식된다. 사람과 사물이 움직이고 종종 상호작용을 하고 그 안을 들여다보면 소중한 연결이 존재하는 세계와, 반면 주변에 많은 사람이 존재해도 늘 세상에서 나 혼자라고 느끼는 세계.

하지만 차갑고 죽은 분리된 이 세계, 이승의 세계는 환상에 불과하다. 우리가 실제로 살아가는 세계가 아니다. 우리가 진정으로, 그리고 진짜로 살고 있는 세계는 우리가 일반적으로 인식하고 있는 4개의 차원보다 훨씬 더 많은 차원으로 돼 있는 세계다. 시간이 앞과 뒤로 이동하고, 정신(의식consciousness, 영혼soul, 영spirit)이 육체보다 더 견고하고 더 현실적이며, 땅에서 사는 시간 동안 우리를 제약하는 한계가 죽으면서 육체를 뒤로하고 떨어져 나가는 세계다.

지구에는 사람 말고 다른 생물들도 함께 살고 있다. 하지만 물리적인 우주는 전체 생명의 가장 작은 부분에 불과하다. 왜냐하면 대부분의 생명은 물리적 차원이 아닌, 영적 차원에 존재하기 때문이다.

신, 무슨 일이든 하실 수 있고 자신보다 우리를 더 사랑하시는 신은 우리 의식의 일부이기도 하다. 보이든 보이지 않든, 물질적이든 육체적이든, 신이 명령하는 세상의 광활함에도 불구하고 그분은 우리의 의식의 존재 속에 계신다. 우리가 보는 것을 보고 우리의 고통을 겪으면서, 그리고 인간에게 자유의지를 주면 고통이 발생할 것을 알면서도 자유의지를 선물로 줄 만큼 우리를 사랑하면서.

히브리어로 임마누엘(신이 우리와 함께 계시다)이라는 단어가 있는데, 이게 모든 걸 함의한다. 이 말은 신이 히브리 사람들에게 주신 메시지였다. 그리고 예수가 남긴 가르침은 신이 우리 안에 함께하심을 보여주기 위해 이 세상에 왔다는 것이다. 신과 함께 시작된 여정은 신과 함께 끝나며, 영광스럽고 아름답고도 또 때로는 고통스러운 모든 순간순간에 신이 나와 함께 계신 그런 여정이다.

우린 누구도 혼자가 아니다. 이게 바로 내가 이 땅에서 어릴 때 헤어져 평생 알지도 못하고 살아왔던 핏줄을 만났을 때, 그리고 일주일 동안 임사체험을 하면서 알게 된 것이다. 이 너머의 세상에서 보낸 체험의 시간 동안 나는 우리가 생각하는 것보다 우리가 알던 사람들을 훨씬 더 오래 알아왔다는 걸 깨달았다. 지상에서의 힘든 삶이 끝날 때, 우리는 비로소 완전한 안전함, 완전한 지식, 완전한 사랑으로 돌아가 (이번) 생에서 사랑했던 사람들을 돌아보게 될 것이다. 만일 우리가 매일같이 스스로의 생을 돌아볼 수 있다면, 우리의 전체적인 관점은 "영원의 상aspect 아래"의 관점인 영원의 관점sub specie aeternitatis(스피노자가 말한 보편의 관점을 말함—옮긴이)으로 바뀌게 될 것이다.

네 번째:

믿음은 진리에서 멀어지는 게 아니라
진리를 향한다는 걸 기억하라.

우리는 서로 다른 신념들이 같이 소통해야 하는 시대에 살고 있다. 하지만 다른 사람들의 믿음을 존중하는 것이 곧 나의 믿음을 약화시키는 것이 되면 안 된다. 내가 가지고 살아가는 믿음보다 더 중요한 건 없다.

대부분의 목회자는 밀(진정한 신도들)과 겨(나이롱 신도들)를 구분하는 하나의 척도로 기독교에서 말하는 부활절 아침에 일어난 일, 즉 예수의 부활이 실제로 일어났다고 믿는지의 여부로 보면 된다고 말한다. 예수는 실제로 죽은 자 가운데 살아나시어 하늘로 오르기 전에 산 자들 가운데서 걸으셨다. 기독교 메시지의 전체적인 핵심은 예수의 무덤을 막고 있던 바위가 옆으로 밀리고 예수(그의 어머니가 불과 며칠 전에 십자가에서 사망한 것을 직접 보았던 그 예수이지만, 동시에 같은 예수가 아님)가 다시 동굴 밖 햇빛으로 걸어 나오는 순간에 있다.

기독교인이 된다는 것은 예수가 죽음을 이기셨다는 걸 믿는 것이다. 예수 개인의 죽음뿐 아니라 존재에 관여된 깊은 죽음을 말이다.

만일 임사체험을 하기 전에 누군가가 나에게 기독교에서 말하는 이 이야기에 대해 어떻게 생각하는지 물었다면, 나는 그저 "인간미 있고 영웅적인 이야기군요" 하고 대답했을 것이다. 사실 어떻게 보면 정말 이야기에 불과할 수 있다. 예수는 위대한 성인이며, 예수가 전한 사랑과 관용이라는 복음은 고귀한 메시지였다. 하지만 시체는 살아날 수 없다. 잔인하게 고문당하고 이미 사망한 사람의 육신이 며칠이 지나 다시 살아나 세상에 다시 나올 수 있다는 이야기는 우리가 알고 있는 우주에 대한 지식과 완전히 모순된다. 비과학적인 걸 넘어서 반과학적인 생각이다.

그런데 이제는 그렇게 생각하지 않는다. 내가 한 임사체험이 그게 그렇게 모순될 수가 있다는 걸 깨닫게 해주었다.

그리스도의 부활한 몸이 의미하는 정확한 본질에 대해서는 수 세기 동안 심각하고 신랄한 논쟁의 대상이 되었다. 이 문제만큼은 나도 조심스러운데, 그럴만한 가치가 있다. 예수는 부활했으며, 그의 부활은 직접 눈으로 보고 경험한 사람들에게 순수한 의미의 충격을 느끼게 했다…. 나는 이 경험이 어땠을지 그 완전함과 경이로움, 세상을 변화시키는 그 경험이 갖는 의미를 알 것 같다. 그래서 나는 믿는다.

하지만 좁고 편협한 의미로 말하는 건 아니다. 나는 《도마복음
서》에 있는 예수가 한 이 말씀이 지닌 영을 믿는다. "나는 만물 위
에 있는 빛이다. 나는 전체다. 모든 것이 나에게서 나와 나에게 돌
아온다. 나무를 쪼개 보라. 나는 거기에 있다. 돌을 들어 올려 보
라. 나는 거기에 있다." 다시 말해, 나는 《신약성서》와 영지주의 복
음이 전하는 메시지에 전적으로 동의한다. 이들은 우리를 상상을
초월하는 영광스러운 미래를 맞이할 수 있는 잠재적인 빛의 존재
라고 말한다. 나는 예수가 부활하셨다는 부분에서 실제 우리가 살
고 있는 세상보다 더 크고 더 기적적인 우주의 진정한 본질을 드
러내신 만큼 우주의 물리적 법칙을 깨지는 않았을 거라고 믿는다.
나는 우리가 빛의 존재라고 믿으며, 우리가 빌려 살고 있는 육신
이 마치 나무가 되기 전 씨앗, 또는 나비가 되기 전 애벌레인 것처
럼 그러한 영체라고 생각한다.

이것이 바로 〈요한복음〉에서 예수가 십자가에 못 박히신 후 사
도들의 눈앞에 나타나셨을 때 예수를 알고 있던 수많은 사람이
예수가 왔음을 알아차리지 못했고, 예수가 사람들 속에서도 닫힌
문을 통과할 수 있었던 이유라고 생각한다. 그건 그때의 예수가
이전의 예수가 아니었기 때문이다. 마치 우리가 죽고 나서 육신을
떠난 상태가 되는 것처럼. 어떤 형태였든 어쨌든 예수는 사람들의
세상에 나타났고, 나는 그가 사람들을 꾸짖거나 규탄하기 위해서

가 아니라 우리도 육신을 벗어나는 존재이며 우리의 진정한 고향은 결코 지상에 있지 않고 그 너머의 세상에 있음을 보여주기 위함이었다고 믿는다.

나는 내가 만나는 다양한 종류의 신앙을 가진 사람들의 의견에 100퍼센트 동의하지 않기도 했으며, 반대로 신앙을 갖지 않은 사람들의 의견에 100퍼센트 동의하기도 했다. 신앙의 여부는 나에게 중요하지 않았다. 내가 전하고자 한 메시지는 분리가 아니라 합쳐짐에 관한 것이며, 그 합쳐짐에 사랑이 더해지면 어떠한 믿음이라도 분리될 수 없으리라는 것이 나의 확신이었다. 모든 신앙은 우리가 살아가고 있는 이 우주의 기적적인 본질, 사랑의 우위, 창조주의 전지전능함을 받아들이는 것으로 귀결된다. 그래서 신앙의 종류가 무엇이든 그 믿음은 산도 움직일 힘을 가졌다.

가장 높은 산은 바로 두려움이다. 두려움은 우리가 진정한 영성을 회복하기 위해 극복해야 할 가장 큰 요소다. 그런데 물리적 세계의 수많은 규칙보다 사랑이 더 강하다는 걸 진정으로 믿게 되면 두려움은 줄어들기 시작한다. 예수의 무덤을 막고 있던 바위가 움직인 것처럼 움직일 수 없을 것 같던 공포라는 바위가 옆으로 움직이면서 진정한 세계가 다시 보일 것이다.

《신약성서》에서 분명히 말하고 있다. 진정한 사랑은 두려움을 쫓아낸다고.

다섯 번째:

당신이 전에도 있었다는 걸 기억하라.

강연할 때 대답하기 어려운 질문을 많이 받는다. 그중에서도 이 질문이 가장 답하기 어렵다.

영적인 세계가 참된 힘과 의미가 있는 세계이고, 신이 우리를 그렇게 나 사랑하신다면, 매일같이 매 순간 일어나는 모든 비극적이고도 이해할 수 없는 사건들은 대체 왜 일어나나요? 어째서 신은 인간을 비롯한 모든 피조물이 고통을 겪도록 내버려두시는 겁니까?

말할 필요도 없이, 누가 생각해도 답하기 어려운 질문에는 나 역시 답하기 어렵다. 그러나 나는 이 세상 너머의 세상을 경험하고 돌아온 이후로 내가 생각하게 된 의견을 공유할 수 있게 되었다.

하지만 이 답을 하기 위해서는 두 가지 개념을 먼저 설명해야 한다. 첫 번째 개념은 임사체험 이전에 내가 완전히 믿어 의심치 않았던 개념이었으며, 두 번째 개념은 믿지는 않았지만 순수한 환상에 불과하다고 생각했던 개념이다.

이 두 개념은 바로 진화와 환생이다.

먼저 환생(우리가 삶을 한 번이 아닌 여러 번 산다는 개념)은 대부분의 동양 종교에서 수용하는 개념이다. 여러 연구를 통해 기독교의 초기 시대에도 있었고, 초대 교회 일부 구성원들이 믿던 개념이었음을 추정할 수 있다. 대부분 학자는 초기 기독교인들이 환생의 개념을 수용했고, 수용하지 않았더라도 《신약성서》가 집필된 당시 그리스 사회에 널리 퍼져 있던 개념이었으므로 적어도 알고는 있었을 것으로 본다. 또 요즘도 누구나 환생이 매우 활발하게 수용되는 개념임을 알고 있다. 동양뿐 아니라 (종종 비난의 맥락에서) 뉴에이지(기존 서구식 가치와 문화를 배척하고 종교·의학·철학·천문학·환경·음악 등의 영역의 집적된 발전을 추구하는 신문화운동 — 옮긴이)라고 불리는 분야에서도 환생 개념을 자주 사용한다. 그런데 환생은 단순히 다시 태어난다는 것 이상이다. 그건 현실이다. 과학이 우리에게 보여준 세계를 이해하기 위해 인식해야 할 현실이다.

동시에 진화론을 거론할 지점이기도 하다. 한쪽인 '믿음'과 다른 한쪽인 '과학' 사이에 있는 지겹고도 불필요한 이 진화론 논쟁에서 주로 진화론은 믿음에 반대되는 적으로 간주하는 경우가 많다. 그러나 진화론은 사실 매우 영적이기도 한 개념이다. 우주가 진행 중이라는 사실을 드러내기 때문이다. 우리 인간이 이 엄청난 진행의 과정에 참여하면서 한 번 이상 태어날 수 있다는 점에 마음을 연다면, 진화론에 있는 깊은 영적인 측면을 보게 될 수 있을 것이다.

카르마*karma*, 즉 업이라는 단어는 아직 좀 위협적이고도 낯설게 들린다. 이 단어는 진화하는 존재들이 물질의 세계에서 영의 세계로 이동하는 다차원적인 세상이라는 새로운 관점을 이해하는 데 큰 도움이 될 수 있다. '카르마'는 '행동'을 의미하는 산스크리트어에서 나온 단어이며, 육체적·영적 차원에 본질적으로 적용되는 원인과 결과의 법칙이다. 카르마의 법칙은 이 세상이 물리적인 차원보다 더 영적인 차원이며, 어떠한 뒤죽박죽의 상태가 아니라 하나의 연결된 상태라고 가정하는 법칙이다. 또한 물질이 아니라 의식이 주된 현실이라고 말한다.

달리 말해, 이 개념은 내가 경험한 영적 체험과도 일맥상통하고 최근에 발표된 과학계의 연구 결과와도 일치하는 개념이다.

고대 동양에서 말하던 업과 환생(단순히 육신의 수준 이상의 원인과 결과를 말함) 개념에 우리의 마음을 연다는 것은, 어떤 신앙과 종교를 가졌든 그 신앙의 핵심 교리를 저버리거나 타협해야 한다는 뜻이 아니다. 업과 환생의 개념을 받아들일 때, 우리는 동양에서는 주로 논하지 않던 또 다른 개념을 이해하게 될 수 있다. 바로 은혜Grace라는 개념이다.

서양인들이 동양에서 말하는 환생에 잘 동의하지 못하는 이유 중 하나는 환생을 묘사하는 방식이 어떻게 보면 서양인들에게 차갑고 기계적으로 느껴지기 때문인 것도 있다. 불교와 힌두교에서는 종종 우주를 광활하면서도 회전을 계속하는 바퀴로 그리기도 한다. 이 바퀴에서 선한 행동은 선한 업을 쌓고 악한 행동은 악한 업을 쌓는다. 이외에 더 큰 의미가 있지는 않다. 실제 일부 동양 문헌에서는 육신의 존재가 갖는 궁극적인 공허함을 깨닫고 열반에 들어감으로써 끊임없이 돌아가는 생의 바퀴로부터 자유를 얻는 것이 가장 중요하다고 주장한다. 말 그대로 촛불이 꺼지는 것과 같은 '소멸'의 상태를 가리킨다.

그런데 많은 서양인은(동양에 적극적으로 열려 있는 사람이라고 할지라도) 이 설명에서 뭔가 빠졌다고 느낀다.

그리고 정말 뭔가 빠져 있다. 그 '뭔가'는 바로 서양에서 말하는 영적 개념인 '은혜'다.

하지만 오해는 하지 말자. 나는 은혜라는 개념이 동양에서도 전혀 없다고는 보지 않는다. 그러나 서양 신앙의 전통이 동양 신앙에서 중요시하지 않는 어떤 것을 분명 가지고 있다고는 생각한다. 그건 바로 이 세상을 나를 *사랑하는 신이 목적을 가지고 만든 창조물이라고 보는 시각*이다.

당신은 어쩌면 내가 무슨 말을 하려는지 짐작할지도 모르겠다. 매우 간단한 메시지다.

동양과 서양의 관점이, 수많은 논쟁이, 결국 알고 보면 실제로 *서로를 보완해주는 것이라면* 멋지지 않을까?

이게 바로 내가 주장하는 이 세상에 대한 관점이다. 동양과 서양의 전통과 과학에 대한 매우 깊은 통찰을 기반으로 한 관점이다. 모든 행동이 선한 도덕적 결과가 되는 관점이다. 선과 악은 결코 단순하지 않고 생각보다 심오한 현실이라는 관점이다. 어떤 행위도, 그 행위가 아무리 작을지라도 도덕적 결과를 반드시 초래하며, 결과를 초래하지 않는 행위는 없는, 그런 세상.

이 세상은 무엇보다도 성장하는 세상이다. 우리가 육신의 세계와 영의 세계를 통과해 나갈 때, 우리는 신이 태초에 우리를 두고 의도한 목적처럼, 헤아릴 수 없을 정도로 가치 있는 존재가 되는 것이다.

과학이 밝혀낸 진화의 시간은 꽤 길다. 현대물리학이 주장하는 우주의 시간은 훨씬 더 길다. 그리고 이 우주 자체도 무한한 우주의 일부라는 (매우 높은) 가능성을 생각한다면, 전체의 크기는 실로 광대할 것이다.

신은 우리가 서로, 그리고 신과 함께 하나가 되는 방법을 찾을 수 있도록 우리에게 시간과 공간을 허락해주셨다. 그 방법은 스스로 자신을 발견하며 거치는 이 삶을 처음부터 끝까지, 뒤가 아닌 앞으로 나아가게 하는 방법이다.

물론, 업이 존재한다. 하지만 그건 폐쇄된 구조가 아니다. 차가운 바퀴 같은 기계가 영원히 돌고 도는 것이 아니다. 업이라는 건 성장의 일부다. 고통받고 변화하는 영적 존재의 성장이자 실수로부터 배우고 무조건적인 신의 사랑과 그 신과 하나 되기 위해 돌아가는 과정이다.

내가 강연에서 중생rebirth, 重生이라든가 업이라든가 하는 동양의 개념을 언급할 때, 이 땅에서 불공평하게 너무 짧거나 고통스러운 시간을 보내고 있는 죄 없는 사람들이 자신이 전생에서 저

지른 잘못에 대해 '값을 치른다'는 단순한 개념으로 말하는 것이 아니라는 점을 분명히 한다. 그 생각은 마치 서양 종교에서 우리가 길을 잃고 방탕해지면 하느님에 의해 '처벌받는다'는 말처럼이나 잘못된 생각이다.

일단 신은 우리를 처벌하는 존재가 아니다. *신은 사랑이다.* 사람을 사랑하고 동물, 우리 자신, 타인을 사랑하는 사랑의 존재다. 나는 우리가 세상에 있는 모든 존재의 비밀스럽고 신성한 정체성에 집중해야겠다는 느낌을 받았다. 우리는 비밀스럽고도 신성한 존재로서 우리가 이해할 수 있는 것보다 더 훨씬 길고 복잡한 이 극 속에서 앞이 보이지 않고 불확실한 지구의 시간에서 짧은 몇 년을 보내며 몇 가지 역할을 맡아 연기하고 있다는 걸 이해해야 한다(이 말이 결코 같이 연기하고 있는 옆에 있는 동료들을 도울 수 있음에도 돕지 않고 자연적으로 두어야 한다는 말이 아니다. 단지 무대에서 일어나는 일이 전체의 더 큰 이야기의 일부라는 것을 알고 힘을 얻고 또 동료를 응원하기도 해야 한다는 말이다). 우리는 더 큰 세상의 일부이며 그 더 큰 세상에서 어떠한 이야기가 펼쳐지고 있다는 사실은 마치 뿌옇던 안개가 걷히고 진실하고도 완전한 시야에 들어오는 광대한 풍경과 같이 느껴진다. 이 사실을 알면 더 많은 걸 보기 시작한다. 외로움, 무력감, 분리에 대한 환상은 사라진다.

그리고 동양과 서양의 신앙은 우리가 그러한 사실을 이해하도록 돕는 역할을 한다.

여섯 번째:

우리가 어딘가로 가고 있다는 걸 기억하라.

우리는 어린 시절에 차를 타고 떠나는 여행에 따라간 적이 있을 것이다. 길을 떠날 때의 기대감은 매우 크다. 어딘가로 간다는 것 자체만으로 말이다.

어딘가로 간다는 느낌은 때때로 여행 그 자체의 느낌보다 크다. 또 여행과 목적지가 아무리 즐거웠을지라도 계속 거기서 살 수는 없다는 느낌이 있다.

그건 우리가 여행을 훨씬 더 큰 여행과 결부시켜 생각하기 때문이기도 하다.

우리는 영원히 사는 존재다. 임사체험 후 이 사실을 설명할 방법은 아무것도 없었다. 그러나 우리는 수납장 어딘가에서 잊힌 채 보관되고 있는 빛나는 보석처럼 정적이고 멈춰 있는 방식으로 영원히 사는 게 아니다. 우리는 끊임없이 성장하고 변화한다. 우리 뒤에도 무수한 변화가 따라오고, 앞에도 무수한 변화가 있었다. 그러나 이 모든 변화 뒤에 우리 각자는 유일하고 영원한 존재이며, 완전히 안전한 존재다. 우리는 신이 창조했고 영원한 사랑을 받는 신의 피조물이다.

또 우리는 스스로 선택할 수 있는 자유의지라는 선물을 받았다. 육신이 분리되는 환상을 경험하면 인간은 신성한 신과 재결합되기를 갈망한다. 물질적이면서도 영적인 세상, 우리의 상상보다 훨씬 더 오래전부터 우리의 집이었던 세상으로 나아가기 위해 성장하고 변화하고 싸우면서 앞으로 나아간다.

오늘날 새로운 영적인 눈을 가지고 우리가 두 가지의 갈망을 하고 있다는 걸 이해하기 위해 아주 특별한 믿음이 필요한 건 아니다. 즉, 우리가 다시 신성神性과 하나됨을 갈망하면서 동시에 스스로가 발전하기를 갈망한다는 것을 말이다. 여기서 발전한다는 것은 개개인이 독특하고도 개별적인 신성의 발현으로서 잠재력을 성취하기 위한 발전, 그리고 세상의 기쁨과 엄격함과 공포를 겪으면서 스스로의 자유의지로 신성이 가진 깊은 사랑과 연민을 반영하는 존재가 되기 위한 발전을 말한다. 우리는 각자의 방식으로 신의 간섭 없이 스스로의 힘으로 이 발전을 이뤄 나간다. 자유의지가 있는 우주는 가장 사소하고 일상적인 다양성에서부터, 신의 사랑으로부터 멀어지게 되는 인류 역사의 비극적인 면면에 이르는 광대하고 보편적인 것까지가 모두 포함된 우주이다.

나는 성인이 되어서까지 친부모를 모르고 큰 입양아로서, 내 곁에 없는 부모를 만나고 싶어 갈망하는 것이 얼마나 고통스러운지, 누군지 모르는 친부모를 두고 그들이 과연 나를 사랑했을까, 지금도 사랑하고 있을까를 궁금해하며 사는 게 얼마나 고통스러운지 안다. 2007년에 마침내 친부모를 만났을 때, 아이를 입양 보낸 부모도 고통스러울 수 있다는 것도 알게 되었다. 아이의 인생에서

도망쳐놓고는 죽었는지 살았는지, 행복하게 사는지 불행하게 사는지, 또는 얼마나 행복하게 살고 있는지 알지 못하고 있었다 하더라도 적어도 아이를 사랑하고는 있었다.

세 번째 기억할 것에서 강조했듯, 우리는 결코 신성함과 분리된 존재가 아니다. 절대로. 내가 이 세상과 저 너머의 세상을 다 경험해본 결과, 우리는 훨씬 많은 것을 느끼며 살 수 있다. 완전히 분리된 이쪽 세상을 여행하는 동안 비록 큰 고통을 겪기는 하지만, 동시에 우리는 스스로 자신이 되어가는 법을 배우고 있으며, 각자가 갈망하는 사랑을 채우면서 독특하고도 자기주도적인 존재가 되어간다. 유물론자인 과학자들이 뭐라고 말하든 상관없이 우리는 분명 절대로 물리적인 원인과 결과나 적자생존의 법칙만 따라 단순히 임의적이며 무의미한 방식으로 움직이는 존재가 아니다. 인간을 비롯한 지구상의 모든 생명체는 신과의 재결합을 향해 나아가는 방향으로 움직인다. 이 재결합은 현재의 발전 단계에서는 아무도 생각할 수조차 없는 매우 성취적이고 영광스러운 것이다.

일곱 번째:

스스로 자신의 현실을 만든다는 걸 기억하라.

이 말은 뉴에이지 운동과 같이 진부한 말이지만 사실이다. 결코 단순하지 않다. 단순히 원하는 걸 염원하면 얻을 것이라는 식의 말이 아니라 보다 더 근본적이면서 도전적인 방식이다.

보다 정확히 표현하자면, 우리가 신과 함께 현실을 공동으로 만들어나간다고 해야겠다. 양자물리학에서는 두 개의 상호작용하는 아원자 입자가 특정한 기능(예를 들어 쌍으로 회전 또는 보완)을 함께 할 수 있으며, 하나의 측정값이 거리에 상관없이 다른 하나의 입자에 즉각적으로 영향을 미칠 수 있다는 점을 입증해 냈다. 이 이론은 지난 수십 년간 더 정교해진 과학 실험 덕분에 반복적으로 입증되었다. 아인슈타인은 자신의 특수상대성 이론을 완전히 위반하는, 매우 먼 거리에서 정보가 순식간에 이동하는 이 현상을 '양자 얽힘'이라고 불렀다.

양자 얽힘이 보여주는 우주의 비국소성은 우리 개인이 갖는 의식에도 중요한 의미를 부여한다. 1955년 양자역학 시대 위대한 수학자 중 한 명인 존 폰 노이만John von Neumann은 가이거 계수기 또는 그 바늘에서 나오는 광자가 관찰자의 망막에 닿거나 시신경을 따라 뉴런, 외측슬상핵, 뇌 시각피질의 V1 영역으로 이어지는 시신경 방사선 또는 V1에서 시각피질의 결합 부위로 이어지는 뉴런이 발화하거나 또는 입력되는 모든 감각이 결합되는 곳에서 보다 높은 결합이 이루어지면 파동함수의 붕괴가 일어나지 않는다는 걸 보여주었다.

간단히 말하자면, 그의 연구는 파동함수의 붕괴가 물리적인 뇌에서 발생하는 것이 아니라 *관찰자의 의식적 마음*에서 발생하는 것이라고 주장한 것이다. 의식은 뇌를 넘어선 차원에 존재하므로 뇌의 어디에도 위치할 수 없다.

다시 말해, 모든 건 매끄럽게, 그리고 동시적으로 다른 모든 것과 연결되어 있고, 우리가 순간적으로 생각하는 것은 우리 주변의 세계에 영향을 미친다는 것이다. 이는 은유적인 표현이 아니라 실제로 그렇다. 마치 돌멩이가 날아와 유리창에 부딪히듯 실제적인 효과를 말한다.

양자역학은 과학사에서 가장 입증된 분야다. 양자역학 덕에 휴대전화, 컴퓨터, 위성항법시스템, 텔레비전을 비롯해 수많은 장치가 만들어졌다. 또 양자역학은 의식의 자아(진짜 나와 진짜 당신)가 우주에 완전히 연결되어 있고, 이 의식의 자아가 실제 현실을 결정한다고 말하고 있다. 매우 실제적인 차원에서 우리의 의식은 세상이 돌아가게 만든다.

이 말은 벤츠 자동차를 상상하는 것만으로도 도로에 벤츠가 나타나게 할 수 있다는 말이 아니다. 우리의 깊은 자아가 우리의 현실을 존재에 연결하기 위해 우주와 협력하고 우주에 연결된다는 뜻이다.

우리의 일상에는 이게 뭘 의미할까? 나의 현실을 결정하는 데 있어 깊은 자아가 하는 진정한 역할을 앞으로 더 인식할 필요가 있다는 뜻이다. 세상은 나를 위한 엄청난 계획을 하고 있다. 하지만 이제는 우리가 보는 세상을 스스로 결정하기보다는 진화적으로 설계된 유물론적인 두뇌가 결정해버리도록 놔두기를 멈추고 능동적으로 생각해야 할 때다.

많은 사람은 살아가면서 현실적이고 견고해 보이는 물질적인 것이 중요하다고 생각한다. 또 의식은 그저 희미하게 내 귀에 속삭이는 유령과 같은 것으로 생각한다. 하지만 실제로는 *의식이 더 중요하다.* 의식이야말로 진정한 현실이며, 궁극적으로 가장 중요한 것이다. 이론적인 차원에서 이 말을 이해하는 건 충분하지 않다. *경험해야 한다.*

우리는 삶의 여정에서 진정한 주인공이다. 그러나 우리는 뇌의 한계에 덮여 있고, 이 뇌는 우리가 활동할 수 있도록 기능해주긴 하지만, 사랑·용서·하나됨·목적·의미로 가득한 진정한 우주의 본질을 직관적으로 이해하는 데에는 절망적일 만큼 부족하다. 양자역학은 하이젠베르크의 '불확정성 원리'를 전제하고 어떤 현상이 발생할 가능성을 다룬다. 하이젠베르크의 불확정성 원리는 아원자 입자의 위치와 운동량을 동시에 정확히 구하는 것은 불가능하다는 원리다. 즉, 우리가 *이 너머를 정확히 보지 못한다는* 말과도 같다. 불확정성 원리는 우리가 매일 걸어 다니고 다른 사람과 통합되는 걸 가능케 해주는, 분리와 거리라는 중요한 개념을 포기해야 하므로 실제로 우리의 현재 의식 수준으로는 세계를 완전히 이해한다는 게 불가능하다는 점을 말해주고 있다.

우린 지금보다 더 많은 걸 이해할 수 있다.

가장 깊은 차원에서 우리는 우주와 분리되어 있지 않다. 더 정확히는 우리는 우주가 펼쳐져 나가는 데 일조하는 파트너이다. 그러나 지금 이 페이지를 읽고 있으면서도 읽는 사람이 깨닫지 못하게 하면서 눈에 보이지 않게 읽기 활동을 수행하는 당신의 뇌는 우리를 그저 안심시키고 앞으로 일어나는 일에 대해 걱정하지 말라고 말할 뿐이다.

하지만 우린 이제 앞자리로 나아가야 한다.

이제 성장해야 한다.

그리고 기억해야 한다.

여덟, 아홉, 열 번째:
당신이 사랑받고 있고, 두려워할 필요 없다는 사실과
잘못되는 일이 없을 거라는 사실을 기억하라.

이 세 가지가 가장 중요하다. 이것이 내 이야기의 핵심이자 내가 전하고자 하는 메시지의 핵심이며, 애초에 나에게 이 일이 일어난 이유다.

그러나 궁극적으로 우리가 '잘못되는 일이 없을 거'라는 말은 지금 여기 물리적인 세상의 차원에서 잘못되는 일이 없을 거라는 말은 아니다. 이 세상이 고통스럽고 끔찍한 곳이 아니라는 말도 아니고, 깊은 악이 이 세상에 존재하지 않는다는 말도 아니다.

진정한 우주에서, 우리가 지속적으로, 그리고 무의식적으로 접촉하고 있는 더 큰 차원의 영적인 세상에 대해 우리가 두려워할 것이 없다는 뜻이다.

이 지구상에서 우리는 셰익스피어가 말한 것처럼 무대 위의 배우일 뿐이다. 하지만 죽고 나면 그 무대에서 내려온다. 무대에서 내려왔을 때 우리는 앞을 바로 볼 수 있게 된다. 우리가 원래 어디에서 왔는지, 실제 세상이 어떤 것인지 기억하고, 우리가 어디로 갈지에 대해서 알게 된다.

물론 모든 걸 직접 볼 수는 없다. 시인 로버트 프로스트Robert Frost는 자신의 시 〈비밀의 자리The Secret Sits〉에서 우리는 모두 세상의 진정한 비밀을 두고 그 주위에서 춤을 출 뿐이라고 말했다. 하지만 그 비밀이 무엇인지 자체는 알 수 없다. 하지만 매일 매 순간, 우리의 깊은 자아는 진정한 우주와 완전히 연결되어 있거나 또는 물리학 용어를 빌리자면 얽혀(양자 얽힘) 있다. 이게 바로 그 비밀이다. 매초, 나노초마다 이 비밀은 우리 각자의 존재성 한가운데에 자리하고 있다. 죽는다고 끝나는 게 아니다. 우리는 우주와 창조주와 협력하여 설계한 뇌를 갖추고 지구상에서 살아가고 있는데, 이 사실에 대해서는 완전히 잊고 산다. 우리는 진정으로 목적성 있는 사람이 되기 위해 헤아릴 수 없을 만큼 기나긴 성장

과정을 거치면서, 스스로가 영원한 존재라는 사실을 모른 채 살고 있다. 태어난 곳으로 거슬러 올라가는 연어 떼처럼, 때때로 역풍에 맞서 싸우는 우리 인간은 사실 어디에서 왔는지 알고 있다.

당신이 경험한 기묘한 순간들은 사실 대부분 깨닫지 못하는 자신에 대한 정보이자 힌트다. 젊은 시절 비행기에서 다이빙하여 뛰어내리던 그때의 나 자신, 이븐 4세와 뉴잉글랜드 더블블랙다이아몬드 슬로프를 스키를 타고 내려가거나 본드와 롤러코스터를 타던 나 자신 등. 우리는 모두 자신에 대해 알고 있다. 그걸 좇기도 하고 부정하기도 하다가 나중엔 잘 볼 줄 모르게 된다. 그러다 타인, 특히 우리가 가장 깊이 사랑하는 사람들에게서 다시 발견한다. 그들을 통해 자신을 있는 그대로 볼 수 있게 되며, 타인에게서 발견한 나 자신을 부정할 수는 없다. 상상하는 데에는 지능이 필요하지만 그 대상과 만나는 건 지능의 활동이 아니다. 결국 우린 나 자신과 만나야 한다. 우리는 자신의 존재에 대해 아는 것보다 그 외의 우주 전체에 대해 더 많이 알고 있다. 하지만 우리는 이미 우주 자체이기 때문에 더 배울 것은 없다.

죽어서 갈 곳은 삶의 공포와 혼란이 해결된 곳이다. 하지만 그 해결이 곧 악한 존재, 기독교에서 죄라고 부르는 것이 존재하지 않도록 해결했다는 의미는 아니다. 당연히 존재한다. 하지만 그런 것들은 진정한 세상에 존재하는 마음과 영혼의 선함과 사랑을 이기거나 훼손할 수 없다.

우리가 세상에서 경험하는 고통 대부분은 사랑에 대한 믿음이 부족해서 초래되는 것이다. 육체적 고통과 고난 자체를 없앨 수는 없다. 의사도 결코 완전히 없애줄 수 없다. 우리가 사랑에 대한 구체적인 감각을 잃어버린다면, 그래서 사랑이 우리 삶의 그 어떤 것보다도 더 실제적이라는 걸 잊어버린다면, 삶의 저 밑바닥의 어떤 본능적인 것이 우리를 집어삼켜 버린다. *당신은 사랑받고 있다.* 이 사실은 나의 임사체험에서 내가 받은 가장 중요한 메시지였다. 나는 (입양으로 인한) 존재의 무가치함, 죄책감, 버림받았다는 마음 깊은 곳의 상처가 있어 당시 그 메시지에 갈급했다. 근원적인 존재로부터의 무조건적 사랑이 나를 향하고 있었다는 그 진실이 나에게 들어온 가장 강력한 메시지였다. 자신을 사랑하기 시작하면서 당신은 그 근원적 존재와 연결됨을 느낄 수 있을 것이다. 이건 종교와 관계없이 개인적인 영성을 통해 할 수 있는 일이다. 각자가 할 수 있는 일이다. 세상에 존재하는 모든 위대한 신앙도 거기서 전하는 핵심은 결국 똑같다. 마음을 통해 신과 연결되는 것이다.

나는 임사체험을 통해 나를 사랑하는 법을 배웠다. 나를 사랑하고 나서 다른 사람을 더욱 온전히 사랑하고 자연, 동물, 모든 생명체를 포함하여 모든 존재와 모든 사물에 대한 연결을 느낄 수 있었다. 당신이 당신 자신을 사랑할 때, 당신이 비로소 사랑이 될 수 있고, 이것이 바로 당신을 영적인 존재와 연결할 것이다.

사랑(개인의 사랑)의 힘이 모든 종양, 모든 사고, 모든 악, 모든 잔인하고 끔찍한 행위, 또는 지상에서 우리에게 일어나는 평범하거나 사소하지만 나쁜 일들을 모두 이길 수 있다는 걸 매일 기억하기 바란다.

사랑이 실질적으로 세상의 문제를 해결할까? 아니, 그렇진 않다. 하지만 모든 문제를 마지막에 해결할 수 있게 해주는 열쇠인 건 맞다. 다른 존재들과 사랑에 가득한 창조주와 결합한 신성하고도 불멸하는 존재로서 우리의 진정한 정체성을 인식하는 것(솜털같이 간지러운 감정이 아닌, 바위처럼 단단하고 견고하고 확실한 진실을 인식)이 곧 우리의 삶에 있는 모든 것들을 보다 좋게 만드는 열쇠이다.

다 잘될 것이다.

우리는 새로운 세상에 살고 있기 때문이다.

감사의 말

내가 혼수상태에 있는 동안 많은 고통을 감수했던 사랑하는 가족들에게 특별히 감사의 말을 전하고 싶다. 언제나 나와 함께하는 아내 홀리와 훌륭한 두 아들 이븐 4세와 본드는 모두, 내가 건강을 회복할 수 있도록 그리고 내 경험을 스스로 이해할 수 있도록 도와주는 일에 있어 핵심적인 역할을 했다. 더불어 감사하고픈 사랑하는 가족들과 친구들로는 사랑하는 부모님 베티와 이븐 알렉산더 주니어, 나의 누이들 진, 베치, 필리스가 있다. 이들은 (홀리, 본드, 이븐 4세와 함께) 내가 혼수상태에 있을 때 하루 24시간 일주일 내내 나의 손을 잡고서 내가 계속 그들의 사랑을 느낄 수 있게 하자는 협약에 참여했다.

베치와 필리스는 내가 중환자실 정신증이 한창일 때(잠을 전혀 잘 수 없었던 때) 밤새도록 충실하게 내 곁을 지켜주었고, 신경과 집중간호 병동으로 옮겨진 후 초기의 극히 허약했던 시기에도 밤낮으로 함께해주었다. 페기 데일리(홀리의 여동생)와 실비아 화이트(홀리의 30년 지기 친구)도 중환자실에서 지속적인 간호를 함께해주었다. 그들의 헌신적인 노력이 아니었다면 나는 결코 이 세상으로 돌아올 수 없었을 것이다. 필리스가 나와 있어주는 동안에도 잘 견뎌낸 그녀의 아이들 데이턴과 잭 슬라이에게도 감사의 말을 전한다. 홀리, 이븐, 어머니, 필리스는 이 책을 쓰는 과정에서도 많은 도움을 주었다.

하늘이 내게 보내준 친가족들과 특히 이 세상에서 만나보지는 못했던 먼저 떠난 누이 베치에게도 감사의 마음을 전한다.

린치버그 종합병원LGH의 은혜롭고 유능한 의사들, 특히 스콧 웨이드, 로버트 브레넌, 로라 포터, 마이클 밀램, 찰리 조세프, 사라 & 팀 헬르웰 그리고 다른 많은 이들에게 감사한다.

LGH의 훌륭한 간호사와 스태프들, 래 뉴빌, 리사 플라워스, 다나 앤드류스, 마르사 베스터런드, 디나 텀린, 발레리 월터스, 재니스 소노스키, 몰리 매니스, 다이앤 뉴먼, 조안 로빈슨, 자네트 필립스, 크리스티나 코스텔로, 래리 보윈, 로빈 프라이스, 아만다 디코시, 브룩 레이놀드, 에리카 스토크너에게 감사한다. 혼수상태였기 때문에 가족을 통해서 이름을 전해 들었는데 혹시나 빠진 사람이 있다면 용서를 구한다.

내가 다시 돌아올 수 있었던 데에는 마이클 설리번과 수전 라인티에스의 역할이 아주 핵심적으로 중요했다.

임사체험 분야의 선구자인 존 오데트, 레이먼드 무디, 빌 구겐하임, 켄 링은 내게 이루 말할 수 없이 큰 영향을 주었다(그뿐만 아니라 빌은 편집 과정에도 커다란 도움이 되었다).

'버지니아주 의식운동'의 선구자적 사상가들인 브루스 그레이슨, 에드 켈리, 에밀리 윌리엄스 켈리, 짐 터커, 로스 던세스, 밥 반드캐슬에게도 감사한다.

하늘이 보내준 에이전트인 게일 로스와 그녀의 멋진 동업자 하워드 윤 그리고 로스 윤 에이전시의 모든 사람에게 감사를 전한다.

프톨레미 톰킨스의 학문적인 기여에 감사를 전한다. 그는 비교할 수 없는 통찰력으로 사후세계에 대한 수천 년간에 걸친 문헌들을 정리했고, 나의 경험들을 이 한 권의 책으로 엮어내는 데에 그의 훌륭한 편집 능력과 글쓰기 능력을 활용해준 것은 온전히 칭송받아 마땅하다고 하겠다.

사이먼앤셔스터 출판사의 부사장 겸 편집주간인 프리실라 페인튼, 부사장 겸 발행인인 조나단 카프에게도 이 세상을 보다 나은 곳으로 만들고자 하는 그들의 비전과 열정에 감사한다.

위기의 순간에 열정적으로 관심을 보여줌으로써 내가 헤쳐나갈 수 있게 도와준 나의 멋진 친구 마빈 & 테르 햄리시에게 감사한다.

힐링과 영성 사이에 훌륭하게 다리를 놓아준 테리 비버스와 마가레타 맥일베인에게도 감사한다.

의식의 깊은 단계에 대한 탐사와 '사랑으로 존재하기'를 가르쳐준 카렌 뉴웰과 버지니아주 페이버에 있는 먼로연구소의 그 밖의 다른 기적의 일꾼들, 특히 **당위적 진실**what should bɛ만이 아니라 **실제의 사실**what is을 탐구하는 로버트 먼로에게 감사를 전한다. 나를 찾아낸 캐롤 사빅 드라 헤란과 카렌 말릭, 버지니아 중부의 천상 같은 산악 초원지대의 따뜻한 공동체에서 나를 맞이해준 폴 라데마허와 스킵 애트워터에게 감사한다. 또한 케빈 코시, 패티 아발론, 페니 홈즈, 조 & 낸시 '스쿠터' 맥모니글, 스콧 테일러, 신디 존스톤, 아미 하디, 로리스 아담스 그리고 먼로연구소에서 2011년 2월에 나와 함께 관문을 여행했던 모든 이들, 그리고 2011년 7월의 나의 조력자들(찰린 나이슬리, 럽 샌드스트럼, 안드레아 버거)과 생명선Lifeline 참가자 동료들(및 조력자들인 프랜신 킹과 조 갈렌버거)에게 감사한다.

이 책의 초기 원고를 읽고서 내가 영적인 경험과 신경과학을 통합하는 작업에 대해 느낀 답답함을 잘 이해해주었던, 나의 좋은 친구이자 논평자인 제이 게인스보로, 저드슨 뉴번, 알란 해밀턴 박사, 키치 카터에게 감사한다. 저드슨과 알란은 과학자·회의론자의 관점에서, 제이는 과학자·신비주의자의 관점에서 내 경험의 진정한 가치를 발견하게 해주었다.

엘크 실러 맥카트니와 짐 맥카트니를 포함해서, 나와 함께 심층

의식과 한마음을 탐구하는 동료들에게 감사한다.

임사체험자 동료인 안드레아 큐어위츠는 편집에 관한 좋은 조언을 해주었고, 캐롤린 타일러는 내가 보다 깊은 이해를 할 수 있도록 인도해주었다.

엄청난 슬픔 속에서도 용기와 믿음을 보여준 블리츠 & 하이디 제임슨, 수전 캐링턴, 메리 호너, 미미 사이크스, 낸시 클라크 덕분에 나는 내게 주어진 선물의 가치를 깨달을 수 있었다.

2011년 11월 11일에 처음 만난 동료 여행자들 자네트 서스만, 마르사 하비슨, 쇼반(릭) & 다나 폴드, 샌드라 글리크먼, 샤리프 압둘라는 인류의 빛나는 미래의식에 대한 우리의 일곱 가지 낙관적 비전을 공유하기 위해 함께 모였다.

이 밖에도 감사를 전하고픈 수많은 사람으로는, 가장 어려운 시기에 지혜로운 조언을 통해 나의 가족을 도와주고 이 책을 쓰는 데 도움을 준 이들이 있다. 주디 & 디키 스토워즈, 수전 캐링턴, 재키 & 론 힐 박사, 맥 매크래리 박사, 조지 허트 박사, 조안나 & 월터 비벌리 박사, 캐서린 & 웨슬리 로빈슨, 빌 & 패티 윌슨, 드위트 & 제프 키어스태드, 토비 비버스, 마이크 & 린다 밀램, 하이디 벌드윈, 메리 브로크먼, 캐런 & 조지 럽튼, 노옴 & 페지 다든, 게이슬 & 케빈 아이, 조 & 베티 멀른, 버스터 & 린 워커, 수전 화이트헤드, 제프 호슬리, 클라라 벨, 코트니 & 조니 알퍼드, 길슨 & 다지 링컨, 리즈 스미스, 소피아 코디, 론 젠슨, 수전 & 스티브 존슨, 코피 하네스, 밥 & 스테파니 설리번, 다이앤 & 토드 비, 콜비 프로피트, 테일러 가족, 렘스 가족, 타톰 가족, 헤프터 가족, 설리번 가족, 무어 가족 외에 많은 이들에게 감사한다.

그리고 무엇보다도 신에게 무한히 감사드린다.

스콧 웨이드 의학박사의 진술

이븐 알렉산더 박사가 2008년 11월 10일 병원에 실려와 박테리아성 뇌막염에 걸린 것으로 알려졌을 때 나는 전염병 전문가로서 도움을 요청받았다. 알렉산더 박사는 감기 같은 증세들과 요통 및 두통으로 급속히 병세가 악화되었다. 그는 즉시 응급실로 실려와 뇌 CT를 촬영했고, 요추천자 검사 결과 척수액을 통해 그램 음성 뇌막염이 진단되었다. 그는 곧바로 항생제 정맥주사를 맞았고, 혼수상태로 위급한 상황이어서 인공호흡기를 달게 되었다. 24시간 이내에 척수액의 그램 음성 박테리아가 대장균으로 판명되었다. 대장균성 뇌막염은 주로 유아에게 흔한 감염병으로서 성인에게는 극히 드물게 나타나며(미국에서 발병하는 연간 1,000만 명 중의 1명 이하), 특히 머리 외상이나 신경외과 수술 또는 당뇨병 같은 다른 질병이 없는 상태에서는 더욱더 그렇다. 알렉산더 박사는 진단받을 당시 매우 건강했으며 뇌막염을 일으킬 만한 주요 원인을 발견할 수 없었다.

　어린이와 성인에게서 나타나는 그램 음성 뇌막염의 치사율은 40에서 80퍼센트에 이른다. 알렉산더 박사가 병원에 도착했을 때 그는 분명히 발작 증세와 의식이 혼미한 상태를 보였으며, 이러한 소견은 신경학적 합병증이나 사망의 위험요인이다(사망률은 90퍼센트 이상이다). 대장균성 뇌막염 치료를 위해 즉각적이고도 강력한 항생제 투여가 이루어졌으며, 중환자실에서 지속적인 간호를 받았음에도 불구하고 그는 6일간 혼수상태에 빠져 있어 빠른 회복을 기대할 수 없는 상황이 되었다(사망률은 97퍼센트 이상이었다). 그러다가 7일째 되는 날 기적 같은 일이 일어났다. 그는 눈을 떴고, 의식이 명료해졌고, 곧이어 인공호흡기를 떼게 되었다. 거의 일주일을 혼수상태로 지낸 후에 질병으로부터 완전히 회복했다는 사실은 실로 놀라운 일이다.

스콧 웨이드, 의학박사

신경과학에서 제시하는 가설들

임사체험 기간에 대해 내가 기억하는 내용을 여러 신경외과 의사 및 과학자들과 함께 다시 살펴본 결과 몇 가지 설명가설들을 세우게 되었다. 각설하고 바로 본론을 말하자면, 어떤 가설로도 관문과 중심근원의 경험('초강력 현실')이 지닌 풍부하고 확고하고 복잡한 상호작용성을 설명할 수 없었다. 그 가설들은 다음과 같다.

1. 임종 시의 통증과 고통을 완화하기 위한 뇌간의 원시적 프로그램일 가능성('진화론적 논거'—낮은 단계의 포유류들에게서 나타나는 '죽은 척하기' 전략의 잔재일 가능성이 있을까?). 하지만 이것은 나의 기억들이 지닌 확실하고도 풍부한 상호작용적인 특성들을 설명해주지 못한다.

2. 변연계의 심층부위(예컨대 외측 편도체)로부터의 기억들이 왜곡
   되어 되살아났을 가능성. 뇌막염의 염증은 주로 뇌의 표면에서
   일어나므로 심층부위는 염증으로부터 상대적으로 보호될 수
   있기 때문이다. 하지만 이 또한 나의 기억들이 지닌 확실하고
   도 풍부한 상호작용적인 특성들을 설명해주지 못한다.

3. 내인성 글루타민산염 봉쇄에 의한 흥분독성이 케타민이라는
   환각 마취제처럼 작용할 가능성(임사체험을 설명하기 위해 가끔 주
   장되기도 한다). 하버드 의과대학에 근무하던 초창기 시절에, 마
   취제로 사용되는 케타민의 효능을 본 적이 있다. 그것이 가져
   오는 환각상태는 상당히 혼란스럽고 불쾌한 것이었으며, 내가
   혼수상태에서 한 경험과는 어떠한 유사성도 없었다.

4. (송과체나 뇌의 다른 부위로부터의) N,N-디메틸트립타민DMT 폐기
   물일 가능성. 자연적으로 생기는 세로토닌 아고니스트인 DMT
   는 생생한 환각과 유사 꿈 상태를 유발한다. 나는 세로토닌
   (즉 LSD, 메스칼린)과 관련된 약물실험에 대해서는 1970년대 초
   반인 나의 십대 시절부터 개인적으로 익숙하다. DMT를 직접
   체험해본 적은 없었지만 그것의 영향을 받는 환자들을 보았다.
   내가 혼수상태에서 경험한 것과 같은 시청각적으로 풍부한 경
   험을 발생시키려면 뇌의 신피질에서 청각과 시각을 관장하는

부분이 멀쩡해야만 가능하다. 뇌간의 솔기핵(또는 세로토닌 아고니스트인 DMT)으로부터 나오는 세로토닌이 시청각적 경험에 영향을 미쳐야 하는데, 뇌막염에 의한 혼수상태가 지속되어 나의 신피질은 심각하게 손상되어 있었다. 나의 피질이 일하지 않고 있었기 때문에 뇌 속에서 DMT가 작용할 자리가 없었다. 시청각 경험은 고도로 실제적이었지만 그것이 작용할 대뇌피질이 결여되어 있었다는 점에서 DMT 가설은 실패했다.

5. 대뇌피질의 특정 부위가 별도로 보존되었을 경우 나의 일부 경험들이 설명되었을 수는 있지만, 나의 뇌막염은 일주일간의 치료에도 반응을 보이지 않을 정도로 심각한 수준이었기 때문에 거의 가능성이 없다. 말초 혈액 백혈구WBC가 27,000/mm³에 달했고, 31퍼센트에서 독성 과립이 관찰되었고, 뇌척수액의 백혈구는 4,300/mm³였고, 뇌척수액 포도당은 1.0mg/dl까지 내려갔고, 뇌척수액 단백질은 1,340mg/dl이었으며, 조영증강 CT에서 광범위한 외막 침범과 함께 뇌실질의 이상 소견이 관찰되었고, 신경검사에서는 피질기능 이상과 외안근 운동장애가 관찰되어 뇌간이 손상되었음을 알 수 있었다.

6. 내 경험이 지닌 '초강력 현실성'을 설명하기 위해 나는 다음과 같은 가설을 검토해보았다. 억제 뉴런 네트워크가 두드러지게

영향을 받아서 흥분 뉴런 네트워크가 비정상적으로 활성화되어 내가 경험한 '초강력 현실'처럼 보이는 것을 발생시켰을 가능성은 없을까?

뇌막염은 표면에 있는 피질을 먼저 공격하기 때문에 심층부위는 부분적으로 기능할 것으로 기대할 수 있다. 신피질의 기능 단위는 여섯 층으로 이루어진 '기능적 컬럼functional column'으로서 각각의 지름은 0.2~0.3mm이다. 인접한 컬럼들은 외측으로 긴밀하게 연결되어 있어 주로 피질하 영역(시상, 기저핵, 뇌간)에서 기원한 조절 신호들에 대해 반응한다. 각각의 기능적 컬럼은 뇌표면에 있어서(레이어 1-3), 뇌막염은 피질의 표피층만 손상시켜도 각 컬럼의 기능을 효과적으로 교란할 수 있다. 억제세포와 흥분세포의 해부학적 분포는 여섯 개의 층 속에 걸쳐 꽤 균형 있게 이루어져 있어서 이 가설은 성립되지 않는다.

뇌의 표면으로 퍼지는 광범위한 뇌막염은 이러한 컬럼 구조 덕분에 전체 신피질을 효과적으로 무력화한다. 따라서 전체 두께를 다 파괴하지 않아도 기능을 완전히 교란시킬 수 있다. 오랫동안(7일) 나는 심각한 신경학적 기능 저하를 보였고 감염이 심했던 것을 염두에 둔다면 피질의 보다 깊은 부분들이 여전히 기능하고 있었다고 보기는 힘들다.

7. 몇 명의 동료들은 시상, 기저핵, 뇌간과 같은 뇌의 심층조직들

이 이러한 초현실적hyperreal 경험을 가져왔을 수도 있다고 주장했다. 하지만 이런 조직들이 그런 역할을 하려면 적어도 신피질의 어느 작은 부분이라도 온전해야만 가능한 일이다. 결국 모두가 동의하게 된 것은, 이러한 피질하 조직들 자체적으로는 그토록 풍부한 상호작용적 경험들에 필요한 강도 높은 뉴런 연산을 처리할 수 없다는 점이었다.

8. '재부팅 현상'의 가능성. 손상된 신피질의 오래된 기억들로부터, 연결이 안 되는 기묘한 기억들이 무작위로 출력되는 현상을 말한다. 나의 넓게 퍼진 뇌막염처럼, 오랫동안 전체 시스템이 고장이 났다가 피질이 다시 의식을 되찾을 때 이런 일이 발생할 수 있다. 그런데 나는 내 경험을 면밀하게 기억할 수 있었고 그 내용이 정교했다는 점 때문에 이것은 전혀 가능하지 않다.

9. 중뇌의 원시적archaic 시신경로를 통해 특이하게 기억들이 생성되었을 가능성. 중뇌의 사용은 조류들에게서는 두드러지게 나타나지만 인간에게는 매우 드문 현상이다. 후두엽 손상 때문에 시각장애가 있는 사람들에게서 나타날 수 있다. 하지만 이것은 내가 경험했던 초강력 현실성에 대한 어떤 단서도 제시하지 못하고, 청각적-시각적 인터리빙interleaving(간삽법間挿法) 현상을 설명해주지 못한다.

참고문헌

Atwater, F. Holmes. *Captain of My Ship, Master of My Soul*. Charlottesville, VA: Hampton Roads, 2001.

Atwater, P. M. H. *Near-Death Experiences: The Rest of the Story*. Charlottesville, VA: Hampton Roads, 2011.

Bache, Christopher. *Dark Night, Early Dawn: Steps to a Deeper Ecology of Mind*. Albany, NY: State University of New York Press, 2000.

Buhlman, William. *The Secret of the Soul: Using Out-of-Body Experiences to Understand Our True Nature*. New York: HarperCollins, 2001.

Callanan, Maggie, and Patricia Kelley. *Final Gifts: Understanding the Special Awareness, Needs, and Communications of the Dying*. New York: PoseidonPress, 1992.

Carhart-Harris, RL, *et alia*, "Neural correlates of the psychedelic state determined by fMRI studies with psilocybin," *Proc. Nat. Acad. Of Sciences* 109, no. 6 (Feb. 2012): 2138-2143.

Carter, Chris. *Science and the Near-Death Experience: How Consciousness Survives Death*. Rochester, VT: Inner Traditions, 2010.

286

Chalmers, David J. *The Conscious Mind: In Search of a Fundamental Theory.* Oxford: Oxford University Press, 1996.

Churchland, Paul M. *The Engine of Reason, the Seat of the Soul.* Cambridge, MA: MIT Press, 1995.

Collins, Francis S. *The Language of God: A Scientist Presents Evidence for Belief.* New York: Simon & Schuster, 2006.

Conway, John, and Simon Kochen. "The free will theorem." *Foundations of Physics* (Springer Netherlands) 36, no. 10 (2006): 1441-73.

_____. "The strong free will theorem." *Notices of the AMS* 56, no. 2 (2009): 226-32.

Dalai Lama (His Holiness the Dalai Lama). *The Universe in a Single Atom: The Convergence of Science and Spirituality.* New York: Broadway Books, 2005.

Davies, Paul. *The Mind of God: The Scientific Basis for a Rational World.* New York: Simon & Schuster, 1992.

D'Souza, Dinesh. *Life After Death: The Evidence.* Washington, DC: Regnery, Inc., 2009.

Dupre, Louis, and James A. Wiseman. *Light from Light: An Anthology of Christian Mysticism.* Mahwah, NJ: Paulist Press, 2001.

Eadie, Betty J. *Embraced by the Light.* Placerville, CA: Gold Leaf Press, 1992.

Edelman, Gerald M., and Giulio Tononi. *A Universe of Consciousness.* New York: Basic Books, 2000.

Fox, Matthew, and Rupert Sheldrake. *The Physics of Angels: Exploring the Realm Where Science and Spirit Meet.* New York: HarperCollins, 1996.

Fredrickson, Barbara. *Positivity.* New York: Crown, 2009.

Guggenheim, Bill and Judy Guggenheim. *Hello from Heaven!* New York,

NY: Bantam Books, 1995.

Hagerty, Barbara Bradley. *Fingerprints of God*. New York: Riverhead Hardcover, 2009.

Haggard, P, and M Eimer. "On the relation between brain potentials and conscious awareness." *Experimental Brain Research* 126 (1999): 128-33.

Hamilton, Allan J. *The Scalpel and the Soul*. New York: Penguin Group, 2008.

Hofstadter, Douglas R. *Godel, Escher, Bach: An Eternal Golden Braid*. New York: Basic Books, 1979.

Holden, Janice Miner, Bruce Greyson, and Debbie James., eds. *The Handbook of Near-Death Experiences: Thirty Years of Investigation*. Santa Barbara, CA: Praeger, 2009.

Houshmand, Zara, Robert B. Livingston, and B. Alan Wallace., eds. *Consciousness at the Crossroads: Conversations with the Dalai Lama on Brain Science and Buddhism*. Ithaca, NY: Snow Lion, 1999.

Jahn, Robert G., and Brenda J. Dunne. *Margins of Reality: The Role of Consciousness in the Physical World*. New York: Harcourt Brace Jovanovich, 1987.

Jampolsky, Gerald G. *Love Is Letting Go of Fear*. Berkeley, CA: Celestial Arts, 2004.

Jensen, Lone. *Gifts of Grace: A Gathering of Personal Encounters with the Virgin Mary*. New York: HarperCollins, 1995.

Johnson, Timothy. *Finding God in the Questions: A Personal Journey*. Downers Grove, IL: InterVarsity Press, 2004.

Kauffman, Stuart A. *At Home in the Universe: The Search for the Laws of Self-Organization and Complexity*. New York: Oxford University

Press, 1995.

Kelly, Edward F., Emily Williams Kelly, Adam Crabtree, Alan Gauld, Michael Grosso, and Bruce Greyson. *Irreducible Mind: Toward a Psychology for the 21st Century*. Lanham, MD: Rowman & Littlefield, 2007.

Koch, C., and K. Hepp. "Quantum mechanics and higher brain functions: Lessons from quantum computation and neurobiology." *Nature* 440(2006): 611-12.

Kubler-Ross, Elisabeth. *On Life After Death*. Berkeley, CA: Ten Speed Press, 1991.

LaBerge, Stephen, and Howard Rheingold. *Exploring the World of Lucid Dreaming*. New York: Ballantine Books, 1990.

Lau, HC, R. D. Rogers, P. Haggard, and R. E. Passingham. "Attention to intention." *Science* 303 (2004): 1208-10.

Laureys, S. "The neural correlate of (un)awareness: Lessons from the vegetative state." "Trends in *Cognitive Science*," in Cognitive Science 9 (2005): 556-59

Libet, B, C. A. Gleason, E. W. Wright, and D. K. Pearl. "Time of conscious intention to act in relation to onset of cerebral activity (readinesspotential): The unconscious initiation of a freely voluntary act." *Brain* 106 (1983): 623-42.

Libet, Benjamin. *Mind Time: The Temporal Factor in Consciousness*. Cambridge, MA: Harvard University Press, 2004.

Llinás, Rodolfo R. *I of the Vortex: From Neurons to Self*. Cambridge, MA: MIT Press, 2001.

Lockwood, Michael. *Mind, Brain & the Quantum: The Compound 'I'*. Oxford: Basil Blackwell, 1989.

Long, Jeffrey, and Paul Perry. *Evidence of the Afterlife: The Science of Near-Death Experiences*. New York: HarperCollins, 2010.

McMoneagle, Joseph. *Mind Trek: Exploring Consciousness, Time, and Space Through Remote Viewing*. Charlottesville, VA: Hampton Roads, 1993.

_____. *Remote Viewing Secrets: A Handbook*. Charlottesville, VA: Hampton Roads, 2000.

Mendoza, Marilyn A. *We Do Not Die Alone: "Jesus Is Coming to Get Me in a White Pickup Truck."* Duluth, GA: I CAN, 2008.

Monroe, Robert A. *Far Journeys*. New York: Doubleday, 1985.

_____. *Journeys Out of the Body*. New York: Doubleday, 1971.

_____. *Ultimate Journey*. New York: Doubleday, 1994.

Moody, Raymond A., Jr. *Life After Life: The Investigation of a Phenomenon-survival of Bodily Death*. New York: HarperCollins, 2001.

Moody, Raymond, Jr., and Paul Perry. *Glimpses of Eternity: Sharing a Loved One's Passage from this Life to the Next*. New York: Guideposts, 2010.

Moorjani, Anita. *Dying to Be Me: My Journey from Cancer, to Near Death, to True Healing*. Carlsbad, CA: Hay House, Inc., 2012.

Morinis, E. Alan. *Everyday Holiness: The Jewish Spiritual Path of Mussar*. Boston: Shambhala, 2007.

Mountcastle, Vernon. "An Organizing Principle for Cerebral Functions: The Unit Model and the Distributed System." In *The Mindful Brain*, edited by Gerald M. Edelman and Vernon Mountcastle, pp. 7-0. Cambridge, MA: MIT Press, 1978.

Murphy, Nancey, Robert J. Russell, and William R. Stoeger., eds. *Physics *and Cosmology-scientific Perspectives on the Problem of Natural Evil.* Notre Dame, IN: Vatican Observatory and Center for Theology and the Natural Sciences, 2007.

Neihardt, John G. *Black Elk Speaks: Being the Life Story of a Holy Man of the Oglala Sioux.* Albany: State University of New York Press, 2008.

Nelson, Kevin. *The Spiritual Doorway in the Brain: A Neurologist's Search for the God Experience.* New York: Penguin, 2011.

Nord, Warren A. *Ten Essays on Good and Evil.* Chapel Hill: University of North Carolina Program in Humanities and Human Values, 2010.

Pagels, Elaine. *The Gnostic Gospels.* New York: Vintage Books, 1979.

Peake, Anthony. *The Out-of-Body Experience: The History and Science of Astral Travel.* London: Watkins, 2011.

Penrose, Roger. *Cycles of Time: An Extraordinary New View of the Universe.* New York: Alfred A. Knopf, 2010.

_____. *The Emperor's New Mind.* Oxford: Oxford University Press, 1989.

_____. *The Road to Reality: A Complete Guide to the Laws of the Universe.* New York: Vintage Books, 2007.

_____. *Shadows of the Mind.* Oxford: Oxford University Press, 1994.

Penrose, Roger, Malcolm Longair, Abner Shimony, Nancy Cartwright, and Stephen Hawking. *The Large, The Small, and the Human Mind.* Cambridge: Cambridge University Press, 1997.

Piper, Don, and Cecil Murphey. *90 Minutes in Heaven: A True Story of Life and Death.* Grand Rapids, MI: Revell, 2004.

Reintjes, Susan. *Third Eye Open-unmasking Your True Awareness.* Carrboro, NC: Third Eye Press, 2003.

Ring, Kenneth, and Sharon Cooper. *Mindsight: Near-Death and Out-*

of-Body Experiences in the Blind. Palo Alto, CA: William James Center for Consciousness Studies at the Institute of Transpersonal Psychology, 1999.

Ring, Kenneth, and Evelyn Elsaesser Valarino. *Lessons from the Light: What We Can Learn from the Near-Death Experience*. New York: Insight Books, 1998.

Rosenblum, Bruce, and Fred Kuttner. *Quantum Enigma: Physics Encounters Consciousness*. New York: Oxford University Press, 2006.

Schroeder, Gerald L. *The Hidden Face of God: How Science Reveals the Ultimate Truth*. New York: Simon & Schuster, 2001.

Schwartz, Robert. *Your Soul's Plan: Discovering the Real Meaning of the Life You Planned Before You Were Born*. Berkeley, CA: Frog Books, 2007.

Smolin, Lee. *The Trouble with Physics*. New York: Houghton Mifflin, 2006.

Stevenson, Ian. *Children Who Remember Previous Lives: A Question of Reincarnation*. Rev. ed. Jefferson, NC: McFarland, 2001.

Sussman, Janet Iris. *The Reality of Time*. Fairfield, IA: Time Portal, 2005.

_____. *Timeshift: The Experience of Dimensional Change*. Fairfield, IA: Time Portal, 1996.

Swanson, Claude. *Life Force, the Scientific Basis: Volume Two of the Synchronized Universe*. Tucson, AZ: Poseidia Press, 2010.

_____. *The Synchronized Universe: New Science of the Paranormal*. Tucson, AZ: Poseidia Press, 2003.

Talbot, Michael. *The Holographic Universe*. New York: HarperCollins, 1991.

Tart, Charles T. *The End of Materialism: How Evidence of the Paranormal Is Bringing Science and Spirit Together*. Oakland, CA: New

Harbinger, 2009.

Taylor, Jill Bolte. *My Stroke of Insight: A Brain Scientist's Personal Journey*. New York: Penguin, 2006.

Tipler, Frank J. *The Physics of Immortality*. New York: Doubleday, 1996.

Tompkins, Ptolemy. *The Modern Book of the Dead: A Revolutionary Perspective on Death, the Soul, and What Really Happens in the Life to Come*. New York: Atria Books, 2012.

Tononi, G. "An information integration theory of consciousness." *BMC Neuroscience* 5 (2004): 42-72.

Tucker, J. B. *Life Before Life: A Scientific Investigation of Children's Memories of Previous Lives*. New York: St. Martin's, 2005.

Tyrrell, G. N. M. *Man the Maker: A Study of Man's Mental Evolution*. New York: Dutton, 1952.

Van Lommel, Pim. *Consciousness Beyond Life: The Science of Near-Death Experience*. New York: HarperCollins, 2010.

Waggoner, Robert. *Lucid Dreaming: Gateway to the Inner Self*. Needham, MA: Moment Point Press, 2008.

Wegner, D. M. *The Illusion of Conscious Will*. Cambridge, MA: MIT Press, 2002.

Weiss, Brian L. *Many Lives, Many Masters*. New York: Fireside, 1988.

Whiteman, J. H. M. *The Mystical Life: An Outline of Its Nature and Teachings from the Evidence of Direct Experience*. London: Faber & Faber, 1961.

_____. *Old & New Evidence on the Meaning of Life: The Mystical World-View and Inner Contest*. Vol. *1, An Introduction to Scientific Mysticism*. Buckinghamshire: Colin Smythe, 1986.

Wigner, Eugene. "The Unreasonable Effectiveness of Mathematics in the Natural Sciences." *Communications in Pure and Applied Mathematics* 13, no. 1 (1960).

Wilber, Ken., ed. *Quantum Questions*. Boston: Shambhala, 1984.

Williamson, Marianne. *A Return to Love: Reflections on the Principles of a Course in Miracles*. New York: HarperCollins, 1992.

Ziewe, Jurgen. *Multidimensional Man*. Self-published, 2008.

Zukav, Gary. *The Dancing Wu Li Masters: An Overview of the New Physics*. New York: William Morrow, 1979.

이터니아

임사체험을 계기로 나는 세상이 모두에게 더 좋은 곳이 될 수 있도록 기여하고자 했고, 이런 근본적인 변화를 위해 이터니아Eternea를 설립했다. 이터니아는 나의 친구이자 동료인 존 R. 오데트와 공동으로 설립한 비영리 공공자선단체이다. 이터니아는 지구와 지구에 사는 이들을 위한 최선의 미래를 만드는 데에 기여하고자 하는 우리의 열렬한 마음을 담고 있다.

이터니아는 영적인 체험에 대한 연구·교육·응용 프로그램들을 개발하는 일 외에도 의식의 작동원리, 의식과 물리적 현실(예컨대 물질과 에너지)의 상호작용을 연구하는 일을 소명으로 한다. 이 조직은 임사체험으로 얻은 통찰들을 구체적으로 활용하는 작업뿐만 아니라, 모든 종류의 영적인 체험들을 보관하는 기록관으로서의 역할을 하고자 한다.

이터니아 홈페이지(https://eternea.org)를 방문해서 당신의 영적인 깨어남을 더욱 풍부하게 하기를, 또는 당신에게 영적으로 변화된 경험이 있다면 그것을 우리에게 나누어주기를 바란다(사랑하는 사람을 잃어서 슬픔에 처했거나 말기 질병으로 인해 당신 혹은 주변인이 고통받고 있는 경우도 해당된다). 이터니아는 이 분야에 관심 있는 과학자, 학자, 연구원, 신학자, 성직자에게도 의미 있는 자료를 제공하고자 한다.

이븐 알렉산더, 의학박사

버지니아주, 린치버그